TÀNDEM
edicions

EN UN LLOC ANOMENAT GUERRA

Tàndem edicions
Polígon Industrial I - 46600 Alzira
www.tandemedicions.com
Disseny de la col·lecció: Paco Bascuñán
Imprimeix: Romanyà-Valls

1a edició: maig, 2002
9a edició (2a revisada): setembre, 2014
ISBN: 978-84-15554-11-0
DL: V-2787-2012

PAPER ECOLÒGIC
TCF LLIURE DE CLOR

FOTOCOPIAR LLIBRES
NO ÉS LEGAL

LLIBRE AMIC DELS BOSCOS
PAPER PROCEDENT DE FONTS RESPONSABLES

24

EN UN LLOC ANOMENAT GUERRA

Jordi Sierra i Fabra

TÀNDEM

edicions

1

Havia estat una setmana horrible.

I el cap de setmana va ser, senzillament, desastrós.

Per començar, divendres, el meu pare m'etzibava pel broc gros que tornaria a casar-se i que pensava passar tres mesos de lluna de mel fent la volta al món. I casar-se de seguida, res d'esperar, perquè —va dir-me— "als cinquanta-sis i deu mesos no hi ha temps per a perdre a la vida". Ella era la Carme, la nostra veïna de sempre, quaranta-un, soltera. Molta dona per a tan poc pare, prim ell, nerviós, rondinaire i àcrata convençut. Però així estaven les coses, i vaig haver d'alegrar-me'n, felicitar-lo i, després, anar-me'n amb una llàgrima de sentiment tot pensant en la mare.

Al meu pare n'hi arribava una i a mi se me n'anava la meva. Dissabte, qui tocava el dos era la meva nòvia. Bé, m'engegava ella a mi. Un d'aquells cops de peu virtuals —no cal dir en quina part— dels que deixen empremta, perquè va ser inesperat i pels arguments. Em va dir que no n'estava segura. Després de tres anys no n'estava segura? Per l'amor de Déu! Segons la Laia —d'Eulàlia, però Laia sonava més *progre*—, els periodistes som gent inquietant i estranya, i per descomptat no d'aquest món, encara que hi siguem i n'informem. Va dir exactament: "Massa bojos per a ser segurs, i massa treballadors per a ser divertits." Amb aquests arguments als llavis va besar els meus, va acariciar-me la galta com si fos un nen que acaben de renyar i va desitjar-me sort. Tanmateix, no vaig deixar que s'escapolís tan fàcilment, i tot seguit va tenir lloc una agra discussió en la qual vam dir-nos aquelles "quatre veritats" que romanen sempre al fons del cor, i que no importen, perquè estàs enamorat i perdones, fins que alguna cosa les fa aflorar. I sempre, sempre, hi ha alguna cosa que acaba fent-les aflorar. Però durant la baralla vaig descobrir, davant la meva sorpresa, que sentia més irritació que ganes de plorar. De fet, em vaig sentir estafat. Gairebé vaig estar a punt de dir-li que li havia donat els millors anys de la meva vida i que ara me'ls escopia a la cara després d'haver-los utilitzat i manipulat al seu gust. Perquè la Laia era tot un caràcter. També m'ho podia haver dit abans que em gastés tots els estalvis anant una setmana a Bali a cremar-me.

Per més sarcasme, diumenge, el meu equip de futbol de tota la vida perdia la lliga estrepitosament jugant a casa i contra el cuer —onze titans que semblaven drogats, per la qual cosa van córrer—, pagat pel que anava en segon lloc, això era evident.

Diumenge a la nit, a casa, sol i desconcertat, vaig enfrontar-me amb mi mateix al mirall i em vaig deixar com un drap brut; l'altre no va badar boca, perquè tenia tota la raó. La meva vida era una merda. Jo no en tenia la culpa, però per alguna curiosa raó, ho era. Vaig preguntar-me on havien anat a parar tots els meus somnis de joventut.

Aquest va ser el meu cap de setmana. Però dilluns, tan bon punt vaig arribar a la redacció del diari, tard, vaig adonar-me que la mala sort, o el que fos, persistia.

Encara no sabia que la meva vida estava a punt de canviar, i que el destí, al contrari del que Déu fa amb l'univers, sí que juga als daus amb la gent.

—Nessy, el Capità Tro et vol veure.

No m'agrada que em diguin com el monstre del llac Ness, moda que va treure en una nit de borratxera l'imbècil d'en Quim Tomé. Em dic Nèstor. En canvi, el sobrenom de Capità Tro li anava molt bé al director del diari, no pas per la faceta heroica, sinó per les implicacions més rotundes sobre allò de *Tro*. En Ferran Argilés no et parlava amb gaires miraments ni s'anava en raons. Cridava i manava. Punt. Deia que un diari es fa amb un 90 per cent de geni, un 9 per cent de suor i un 1 per cent d'informació rigorosa.

En Ferran Argilés mai no somreia ni semblava content. Com a màxim, alçava una cella i sospirava en senyal d'aprovació i orgull quan veia que el titular de la primera pàgina del diari feia 10 centímetres d'alt i ocupava tota l'amplada de la portada, encara que la notícia fos tràgica. Tenia el cor folrat de zinc. O de plom. Ni en Superman no hauria pogut fer-hi una ullada.

Que el Capità Tro em cridés un dilluns al matí, tot just haver arribat a la redacció, no podia significar res de bo.

Vaig entrar al despatx després d'haver trucat fluixet a la porta i em vaig quedar com un estaquirot davant la seva taula, dret, esperant que fes el favor d'alçar el cap i mirar-me. Ho va fer, amb els seus ullets greus, les espesses celles aterridorament rectes i el bigoti frondós, que marcava la frontera entre el gèlid nord i l'esquerp i desèrtic sud. Impassible. Va deixar el text que estava revisant, em va mirar de dalt a baix, i llavors va deixar-ho anar sense més ni més, com qui et diu "anem a prendre un cafè".

—Nèstor, te'n vas al Tudzbestan.

Vaig haver de fer memòria. I de pressa.

Al Tudzbestan, antiga república soviètica, hi havia esclatat una cruenta guerra civil, a l'estil de les balcàniques però amb menys ressò internacional —si més no a Europa—, cap a la meitat dels anys noranta. D'una banda, els independentistes tudzbestans. De l'altra, el Kremlin, que no volia el desmembrament total de la ja extingida URSS. I, enmig d'aquests, els partidaris d'altres opcions, a la mateixa zona, que combatien pel seu compte i sembraven confusió en les escasses alternatives de pau. Durant el conflicte, les tropes russes havien destruït el petit país i més encara la capital, Sezerkanda; però els independentistes no s'havien plegat de braços precisament, i resistien a la desesperada sense cedir ni claudicar. I tampoc no cedien els paramilitars prorussos ni els paramilitars musulmans. Perquè el problema del Tudzbestan era que estava enclavat entre Rússia i les repúbliques islàmiques —Kazakhstan, Kirguizistan, Uzbekistan, Turkmenistan i Tadjikistan—, de manera que una part dels seus escassos milions d'habitants eren russos; una altra part, musulmans, i la resta, simplement tudzbestans sense altres particularitats. Rússia volia seguir exercint-hi el control, sense cedir a la independència; els tudzbestans volien la independència, però sense aliar-se amb els seus veïns d'influència musulmana, i els musulmans volien la independència en forma de república islàmica. Comptat i debatut, un disbarat més en les guerres de la fi del segle XX. Mortaldat, matances, bombardejos, converses de pau, ningú no cedeix i...

Anys de silenci.

Segons les meves informacions, Rússia continuava exercint-hi el control, però res no havia canviat, la guerra seguia latent. Callada, però latent.

—Fa molt que no se'n parla —vaig aventurar cautelós.

Ho havia sentit bé? Acabava de dir-me que aniria al Tudzbestan? Jo?

—No has llegit el diari aquest cap de setmana?

No volia parlar-li del meu pare, ni de la meva nòvia, ni que havíem perdut la lliga, causes per les quals, dissabte i diumenge, havia passat del que era més habitual en la meva vida, tenint en compte que sóc periodista.

—Sí —vaig mentir—, per què?

—Collons, perquè ho posava ben clar a internacional. Hi han trobat petroli.

—Ah, això! —vaig fer cara de pòquer.

—Et sembla poc? —va semblar que se'n burlava, en Ferran Argilés—. Només els faltava això. Són una cagada de mosca al mig d'aquella part d'Àsia, amb prou feines dos milions i escaig d'ànimes; el seu temperament és bel·licós i tenen fama de ser "molt seus"; tenen una guerra paralitzada, estan sense res a causa del conflicte; la capital sembla Beirut als anys vuitanta, i ara els ha donat per trobar petroli.

—I això vol dir que es tornarà a embolicar la troca.

—Ja s'ha embolicat —el director del meu diari va ser categòric—. Els russos han posat el dogal al coll, s'han afanyat a dir que el Tudzbestan forma part del seu territori sobirà, i hi enviaran més tropes, com a Txetxènia. Els tudzbestans, per la seva banda, han recordat que van proclamar la independència i que són sobirans i estan ocupats. Les repúbliques islàmiques de la zona exigeixen que els musulmans del Tudzbestan siguin reconeguts. I així tots. La calma s'ha trencat i ja hi ha trets, però n'hi haurà més.

—I vol que hi vagi com a corresponsal de guerra? –vaig al·lucinar.

—Cap problema?

Vaig pensar en el meu pare, en la meva nòvia —bé, exnòvia–, en...

—No, cap.

—Fa mesos que em demanes alguna cosa més que resseguir el carrer aquí —va recordar-me en Ferran Argilés—. Que si ets un bon fotògraf, que si el que t'agrada és viatjar, que si et posi a prova... —Va encreuar els braços.— Mira, fill, et seré sincer: ets l'última persona que enviaria a aquesta història, perquè no serà una guerra convencional, sinó un pols de dos parells de nassos. Però resulta que casualment, amb l'estiu a les portes, ets l'últim mico que tinc ara mateix. Hi ha tantes guerres a tants llocs que o bé ampliem la plantilla o... —va fer un gest de resignació—. De manera que si no ho vols, tu mateix; però llavors ja cal que vagis buscant feina en una revista del cor, entesos?

—Que no, patró, que no. És que m'ha agafat tan... de sorpresa.

—Un bon periodista ha de tenir la maleta sempre a punt.

—Quant de temps...?

—Com vols que ho sàpiga? —va recuperar la veu de Capità Tro—. Una setmana, dues... un mes! El que faci falta i segons el que vegis, el que expliquis i el que passi! Emporta't el teu equip fotogràfic. Sempre és millor si el coneixes que no un que et donin a baix. Suposo que deus tenir el passaport en regla.

—Sí.

—Doncs ja ho saps. —Em va mirar com un pare que envia el seu fill a la guerra; però no un pare normal, sinó un que té catorze fills asseguts cada nit a taula.— Fes-ho bé, informa, i procura que no t'engeguin un tret.

—Pel que fa a l'idioma...

—Sí? —va arrufar les celles en Ferran Argilés.

—Doncs que sé prou anglès, i una mica de francès i d'italià per a entendre'm, però allà...

—Per l'amor de Déu, Nèstor, ja sé que allà no parlen anglès, sinó tudzbestà i rus! Que t'ho he d'explicar tot? Agafa un pigall!

—Un què?

Aquí se'm va notar la inexperiència. Encara no entenc com el meu director no em va fer tornar a la redacció d'esqueles mortuòries.

—Un intèrpret! —va tronar—. Et penses que els periodistes del *New York Times* o el *Washington Post* dels nassos saben rus o tudzbestà? Tothom contracta nois o noies perquè els serveixin d'ajuda, tant en qualitat de guies locals com d'intèrprets. Si alguna cosa hi ha en aquests països en guerra és un eixam de nens i nenes pels carrers. Surten de sota les pedres. Coneixen dreceres, secrets, es fiquen a tot arreu, informen... i són espavilats: xampurregen l'anglès o el que sigui. Saben la bíblia en vers. Una propina i els tens al teu servei dia i nit, enganxats al cul. Per a ells és la vida, mengen i fan alguna cosa útil. És l'abecé dels corresponsals, Nèstor!

—Ja, ja —vaig calmar-lo—. Només m'he despistat per això del "pigall" i perquè... bé, encara estic commocionat, senyor.

Va fer cara de començar a penedir-se'n. Però no va canviar d'idea. Al cap i a la fi, si m'engegaven un tret o em feia miques una bomba, tindria un dels seus titulars de deu centímetres tot a l'ample de la primera pàgina.

—Passa per administració perquè et donin diners i el que faci falta, i coordina't amb en Silvestre pel que fa als enviaments de cròniques, material fotogràfic i la logística necessària. Però vés-te'n de seguida, avui millor que demà i demà millor que demà passat. *El País, La Vanguardia, El Periódico, El Mundo, Diario 16, ABC*... tots estan igual, sense gent i amb l'estiu al damunt. Potser fins i tot serem els primers. O els únics —li van brillar els ulls.

—Bé.

—Doncs ja està —va tornar a inclinar-se sobre la taula de treball—. Endavant.

—Gràcies.

No em va tornar la cortesia. Vaig vacil·lar, vaig fer mitja volta i em vaig encaminar cap a la porta del despatx. Amb aquesta oberta, vaig poder sentir-li la veu de nou. Ara més relaxada.

—Nèstor.

—Sí?

—No la caguis. Això serà gros. És la teva oportunitat —va pronunciar les tres frases en to telegràfic. Però finalment va donar emoció a la quarta i última. La definitiva. La que em va fer sentir millor—: I que no et matin, fill.

Em va alegrar que m'ho hagués dit.

Em dic Nèstor Pruneda Segarra. Tinc vint-i-quatre anys, gairebé vint-i-cinc, i sóc fill únic. La meva mare va morir fa cinc anys a causa d'un càncer irreductible, que va apagar-la com si un eclipsi li hagués arrabassat la llum. El meu pare està folrat. Però folrat de debò. Això sí: s'ho ha guanyat ell. És un lluitador. Jo volia ser escriptor, fer un *best-seller,* la primera gran novel·la espanyola del segle XXI. Però no hi va haver manera. Em vaig quedar en el que sóc: periodista. No me'n penedeixo, m'agrada la meva feina; és fascinant entrevistar persones, buscar indicis, perseguir pistes com un detectiu, olorar la notícia, viatjar, i després seure i plasmar-ho en uns quants milers de paraules. Fascinant i efímer. Els diaris d'avui són les escombraries de demà. Unes escombraries necessàries. Crec en els principis bàsics de l'ètica periodística: l'honradesa, l'honestedat, la veritat. I penso que un bon professional s'ha de limitar a formar i a informar.

És a dir: sóc un ingenu.

L'últim romàntic.

El primer que vaig fer en arribar a casa va ser agafar una enciclopèdia i un atles. A l'enciclopèdia hi havia quatre dades mal donades sobre la meva destinació. El Tudzbestan tenia a penes uns quants milers de quilòmetres quadrats, tot muntanya pura excepte la vall central, a la part més oriental de la qual es trobava la capital, Sezerkanda, dos milions i mig d'habitants —dels quals uns quatre-cents mil eren islàmics i més o menys el mateix nombre de russos— i una renda per càpita típica de la zona, tot just 700 dòlars per habitant i any. L'"idioma oficial" era el rus —segons l'enciclopèdia, que era relativament antiga, set anys, així que no gaire fiable tenint en compte el gir dels esdeveniments— i, per descomptat, el tudzbestà —com era lògic—. Clima, desèrtic. Religió russoortodoxa, sense oblidar "la minoria" musulmana. Moneda local, el tudzi.

Vaig passar a l'atles. Vaig mirar el mapa de la zona. Àsia sud-occidental. Un caos. Abans, la Unió de Repúbliques Socialistes Soviètiques, l'URSS, formava una sola i enorme taca als mapes. Arran de la caiguda del comunisme i de la independència de la majoria d'aquestes repúbliques, especialment les musulmanes en aquella zona, van néixer una bona munió de nous països, amb fronteres enrevessades que seguien rius o cadenes muntanyoses, i algunes ja tan conflictives que les guerres s'hi succeïen com un dòmino d'efectes imprevisibles. Noms i més noms encara desconeguts per a la major part dels mortals. Si n'hi ha molts que encara no saben gaires coses d'Europa o Llatinoamèrica, com es pot aspirar que sàpiguen que Dusănbe és la capital del Tadjikistan o que a l'Uzbekistan —un país gairebé tan gran com Espanya— hi viuen prop de 23 milions de persones?

Ningú no sap res del seu veí, de manera que encara menys de la ciutat més pròxima, la Comunitat separada pel fanatisme futboler, el país amb el qual compartim frontera o aquella gent tan estranya que creu en un altre Déu i viu en una terra de foc a l'altra banda del món.

Vaig navegar una estona per Internet sense gaire èxit. Les dades oficials no diferien gaire de la meva enciclopèdia i el meu atles. Vaig visitar els diaris més importants del món i vaig recollir informació d'última hora per fer-me una mica més d'idea del que m'esperava i de com estava la situació. Em sentia excitat, nerviós, però també feliç. Que el meu pare fos feliç, que la Laia topés de cara amb la realitat, que el meu equip purgués els resultats d'un any dissemblant. Jo me n'anava de corresponsal de guerra a l'altra banda del món. Adrenalina pura. A fer punyetes tot plegat.

Es deia que hi havia calma.

Però una calma falsa. Tots esmolaven de nou els ganivets. El petroli era el Sant Greal de l'esperança humana. El Tudzbestan s'havia convertit en la nova Terra Promesa del Món Civilitzat. Moisès Shell se'n volia apoderar.

Per rematar la recerca em vaig abocar a la CNN.

El meu anglès és bastant bo, però el practico poc. Me n'adonava cada vegada que intentava parlar amb una turista o feia una entrevista a algú de l'altra banda de l'Atlàntic. Els anglesos el pronuncien com si vocalitzessin recitant Shakespeare. Els americans el masteguen com si anessin a escopir-lo. Per a ells, *maharan* —amb la primera a gairebé inexistent— era *Manhattan*, i *hosperal* —el mateix amb la *e*—, *hospital*. Vaig preguntar-me com seria parlar un mal anglès per part d'un espanyol amb un mal —o pèssim— anglès per part d'un o una tudzbestana.

Millor si era "una" tudzbestana.

Havia d'oblidar la Laia com més aviat millor, perquè no em fes mal.

Però... com s'obliden tres anys?

El fet de pensar en la Laia va fer que em descentrés. La CNN va donar imatges del Tudzbestan una hora després d'haver-la sintonitzat i llavors el meu cap ja estava a punt de caure en la depressió. Tot era la Laia. Em vaig concentrar, però la CNN no va oferir gairebé res que valgués la pena tenir en compte. Van dir una cosa així com que Rússia ja havia decidit l'enviament d'un gran contingent de tropes —no sé quants milers de soldats i tancs—, i que els independentistes tudzbestans, que hom creia extingits i ara sortien de sota les pedres, s'estaven reorganitzant per oferir la més dura de les batalles. Mentrestant, els paramilitars musulmans mantenien la seva posició de lluitar contra els dos bàndols, russos i tudzbestans, per aquest ordre. És a dir, primer fer fora els russos, i després aconseguir el reconeixement de la seva minoria, tot i que no era clar si amb la secessió del sud del país o amb què.

El petroli, democràticament, era tant al nord com al sud i el centre, al llarg de la vall que dividia l'abrupte i muntanyós país en dos.

La CNN va oferir imatges de la meva destinació: Sezerkanda.

En Ferran Argilés tenia raó. La capital del país era una espècie de Beirut dels vuitanta en versió russoasiàtica. Si al Líban, la Suïssa de l'Orient Pròxim, totes les faccions en lluita havien aconseguit arrasar la ciutat al llarg de la seva implacable guerra fanàtica, a Sezerkanda les coses no havien anat millor. Tot era en ruïnes.

I es disposaven a matar-se per ella.

I jo hi seria.

La meva depressió va augmentar, però no per la meva feina i pel fet que, de sobte, em sentís tan petit, sinó per la Laia.

Vaig despenjar el telèfon i vaig marcar el seu número.

—Sí? —vaig escoltar la seva veu.

M'havia dit que tornaria a viure, a sortir, a muntar-s'ho de puta mare, que havia de recuperar el "temps perdut" —?—, deixar-se anar, "treure's del damunt la meva empremta" —??—, obrir-se, conèixer gent, i "descobrir tot el que s'havia perdut estant amb mi tant de temps" —???

Em va alegrar trobar-la a casa, no puc negar-ho. Creia que estaria fent la boja en una discoteca.

—Laia, sóc jo.

—Ah —va mostrar-me la seva indiferència.

—Només volia que sabessis que me'n vaig al Tudzbestan, com a corresponsal.

—On és això?

—A l'Àsia sud-occidental. És una de les repúbliques de la Unió Soviètica.

—T'has tornat boig.

—Per què?

—No em pensava que estiguessis tan desesperat.

—M'hi fa anar el diari. No té res a veure amb la nostra història.

—I què hi ha allà?

—Una guerra.

Això almenys li va fer impressió.

—Segur que no hi vas per mi, perquè estàs dolgut?

—Segur.

—No et crec —va sospirar—. I en el fons m'estimo més no creure't.

—Per què?

—Perquè si has triat una cosa tan perillosa i desesperada, vol dir que m'estimes molt.

Em vaig quedar mut.

—Nèstor?

Li deia que sí, que l'estimava molt, i em posava a plorar? Un té la seva dignitat.

—Sí.

—Vés amb compte, d'acord?

—Ho faré.

—L'any passat van morir gairebé cent periodistes en conflictes armats —em va informar—. Ho vaig llegir.

—Et trucaré quan torni, Laia, tot i que seré fora unes quantes setmanes —vaig acomiadar-me'n aclaparat.

—Adéu, Nèstor —va ser l'última cosa que vaig escoltar dels seus llavis.

El viatge va ser fastigós.

Primer, amb avió fins a Frankfurt, perquè sempre cal passar per un aeroport europeu —Frankfurt, París, Amsterdam— per a anar on sigui si és lluny o bé es tracta d'un país estrany. Després, un segon vol fins a Astana, que malgrat el nom és la capital de la República del Kazakhstan. Finalment, un tercer vol, fins a la ciutat més pròxima a la frontera amb el Tudzbestan, Ialibad. Comptat i debatut, quan vaig posar-hi els peus a terra, sota un sol de justícia, havia fet unes trenta hores de viatge, un terç de les quals havia cremat en esperes en aeroports. La primera pregunta que em vaig fer va ser la més habitual.

Què hi feia jo, allà?

Vaig passar el control de passaports i la duana. M'ho van escorcollar tot mentre m'observaven amb ull crític. No duia cap revista amb senyores despullades, de manera que no van poder requisar-me-la, si bé em van clavar un parell de mirades sospitoses. En canvi, sí que em van preguntar per la traducció a l'anglès del títol de la novel·la que havia estat llegint durant el trajecte. Quan es van interessar, naturalment amb un anglès macarrònic adornat amb una mica de francès, pel motiu del meu viatge, i els vaig dir que era corresponsal, la seva darrera ullada va ser d'indiferència.

L'agència de lloguer de cotxes de l'aeroport de Ialibad era petita, i vaig haver d'esperar el meu torn perquè tenia dues persones davant, una vestida com un home de negocis i l'altra convertida en una espècie d'Indiana Jones. El seu grup s'esperava a uns quants metres, parlant animadament. Tots amb pantalons curts, botes fortes, armilles amb milers de butxaques, barrets. Se n'anaven a l'aventura.

Em va tocar el torn.

—Un cotxe, petit, si us plau.

—Periodista?

—Sí.

—Em sap greu. No hi ha cotxes.

—Com que no hi ha cotxes?

—No hi ha cotxes. Em sap greu —va repetir-me l'empleada parlant un anglès millor que els de la duana.

—Però...

Vaig allunyar-me del taulell, desconcertat. Més enllà dels vidres del petit aeroport, la desèrtica duresa de la terra em va produir vertigen. Què hi feia jo, allà, tirat, sense cotxe per a poder passar la frontera? Evidentment, no era l'única manera d'entrar al Tudzbestan.

Potser a la ciutat mateix...

—D'on ets? —vaig sentir una veu al meu costat.

Vaig girar el cap. Havia viatjat amb mi des de Frankfurt. Era un home d'uns quaranta anys, de cara rodona i vermella, cabell rosset i curt, i ulls perspicaços. Vestia de manera informal i amb una certa deixadesa. Sostenia una bossa professional. Massa professional.

—Sóc espanyol, de Barcelona.

—Jo sóc d'Hamburg —va allargar-me la mà.

Una mà forta, molt forta.

—Periodista?

—És clar —em va fer l'ullet—. No ets veterà, oi?

—No.

—Ja. —Va fer un gest en direcció a l'agència de lloguer.— No els diguis mai que ets periodista. No ens lloguen cotxes. Saben que, o no els tornem, o bé ho fem plens de forats.

Això era experiència.

—Què has fet tu?

—Jo ja el vaig reservar des d'Hamburg. M'havia imaginat que al vol hi hauria algun col·lega i estava esperant. Sempre és bo anar acompanyat. I de passada compartirem despeses. D'acord?

—D'acord.

Vam tornar a encaixar i em vaig sentir molt millor. No solament pel fet d'anar-me'n d'allà, sinó per la companyia.

—No deus saber alemany, oi?

—No. I tu, saps espanyol?

—Només *Olé* i *Bravo* i *Costa Brava*.

Condemnats a l'anglès. A vegades m'emprenyava molt haver de transigir i utilitzar el maleït idioma dels ianquis per a fer-me entendre. Un no és antiglobalització perquè sí.

—Em dic Nèstor.

—Jo em dic Mahler. Gustav Mahler. —Va somriure fent un gest evident que em va estalviar qualsevol comentari sobre allò, i vam esdevenir còmplices quan també en el meu rostre va aflorar un somriure irònic.

El seu cotxe de lloguer era una espècie de vehicle rus de sabor ranci, semblant a l'*Skoda*, línies antiquades, i de color negre. L'havia demanat així: negre. De camuflatge. Va seure al volant i jo ho vaig fer al seu costat després d'haver guardat les bosses al darrere. Poc equipatge. El viatge fins a la frontera va ser curt, amb prou feines dues hores, i vam estar xerrant pels colzes perquè al nostre voltant no hi havia res per veure. La terra era vermellosa i estava rompuda pel sol i la sequedat. Vaig haver d'adaptar-me de pressa a l'accent del meu company. Quan vam arribar al lloc de control, vam veure que només hi havia vigilància en una banda, la del país on érem. A l'altra banda, res. Ja no hi havia ni llei ni ordre, només la guerra. La vigilància, a més, era extrema. Hi devien tenir apostat un destacament i dos tancs. Potser tenien por que es produís una onada de refugiats, perquè una invasió... Els soldats van veure les nostres credencials i ens van deixar passar sota l'encuriosida mirada de la resta. A velocitat reduïda i per si de cas, vam travessar el que en un altre temps devia haver estat un lloc fronterer a la part tudzbestana. Al cap d'uns quants metres, en Mahler es va aturar.

—Ajuda'm.

Vam baixar, va obrir la seva bossa sense treure-la del maleter i va agafar-ne dos potets de pintura blanca i dos pinzells, o més ben dit, dues brotxes petites. Vam acostar-nos al capó i hi va escriure, amb caràcters gruixuts i visibles, la paraula *PRESS*.

—El mateix a les dues portes. Jo vaig al darrere. —Va passar-me un pinzell i un pot.

Ho vam escriure fins i tot al sostre, perquè des de les muntanyes ens veurien passar molt avall, un escarabat a la carretera. No volíem que ens plogués un morter del cel. Després del que havia passat a l'agència de lloguer de cotxes, allò em va demostrar que jo era un passerell i el meu nou amic un professional.

Així doncs, havia tingut sort.

Dos quilòmetres més enllà de la frontera vam travessar el primer poble, deshabitat i destruït. No hi havia ningú, ni del bàndol local ni de l'invasor. Unes quantes cases cremades i res més. Ja no xerràvem pels colzes. Anàvem amb els cinc sentits posats en el que fèiem, i vigilant fins i tot amb els ulls al clatell. Al cap de vint quilòmetres vam arribar a la primera ciutat, segons els mapes, la tercera més important del país. Ara era una ciutat fantasma, devorada per les bombes i la metralla que l'havien esclafada.

Era en la meva primera guerra, ara sí.

Per fi veia la veritable crueltat de la raça humana.

—I tota aquella gent? —vaig xiuxiuejar en veu alta.

—Si poguéssim alçar-la i sacsejar-la, caurien com formigues. S'amaguen sota terra, t'ho asseguro. Ho vols veure?

Va aturar el cotxe i vam baixar. Es va limitar a treure un cigarret, a encendre'l, a fer-hi una pipada i a esperar.

Un moviment, una pedra que s'aparta, un nen. Un altre moviment, una ombra que surt d'una esquerda, una vella. Un moviment més, emergint d'alguna part impossible sota la runa, una nena.

Un minut, deu nens, nenes, dones, vells, velles.

Dos minuts, dues dotzenes de persones.

Cap home.

Caminaven lentament, van encerclar-nos com fantasmes, espectrals, desnodrits i espantats. En Gustav Mahler em mirava a mi. Jo a ells.

—No em diguis que no fumes.

—No.

—Porta sempre tabac a sobre. Per un cigarret és possible que et venguin la seva mare. I no diguem per menjar.

Unes quantes mans es van estendre cap a nosaltres. Els rostres eren famèlics, desesperats. Rostres empesos cap a la més baixa condició humana. L'alemany va treure un paquet per a ells.

—Fes les teves primeres fotos —va aconsellar-me el meu company—. Val més ara que després. I benvingut al paradís, Nèstor.

Feia uns quants quilòmetres que no parlàvem, circulàvem amb calma per aquell món buit i desèrtic, tan deshabitat en aparença com la lluna. Malgrat tot, es mataven per ell, devien estimar-lo. La terra sempre s'estima, sigui quin sigui el seu color. L'estimaven abans, sense petroli, i ara amb més motiu. La meva ment era ja plena de les mirades i els rostres dels primers habitants que acabava de fotografiar. Em vaig sentir aclaparat, i vaig trencar el silenci.

—Quant temps fa que hi estàs ficat, en això?

—Tretze anys.

—I quantes guerres?

—Les guerres no es poden comptar —va sospirar—. Per a mi és la mateixa guerra aquí i allà. Uns tenen una cosa que uns altres volen o bé uns volen una cosa que uns altres no estan disposats a donar. Això és tot. El Gran Resum.

—Escèptic?

—No. —El seu to em va semblar sincer.— Hi ha el que hi ha, i punt.

—Estàs casat?

—Casat i amb cinc fills —em va fer l'ullet—. Hi ha temps per a tot, amic meu.

—Volies ser corresponsal de guerra?

—No exactament. El meu somni era fotografiar animals, ser una estrella del *National Geographic*. Però ja ho veus. I tu?

—Jo volia viatjar, ser lliure, independent.

—Llavors, benvingut a la llibertat —va esbufegar amb sarcasme.

—Vas estar a Txetxènia o als Balcans?

—Txetxènia, Rwanda, Eritrea, Kuwait, Iraq, Bòsnia...

—T'hi has acostumat?

—Escolta —va clavar-me una breu mirada de reüll—.

Si ets aquí, és perquè tu tens alguna cosa, de manera que oblida't de mi i de la resta. No facis preguntes als altres, fes-te-les a tu mateix. Ningú no té respostes. Acostumar-s'hi? Un no s'acostuma mai a la mort, però és aquí, existeix; i tot i que no crec que sigui un heroi ni un ens privilegiat, sóc dels que sí que creu que si tu i jo no fóssim aquí per a explicar-ho, ningú no en sabria res. Així que oblida't també d'aquests rotllos. —El seu rostre mostrava ara una greu serietat.— No m'agrada donar consells, però te'n donaré un: lliura't en cos i ànima com més aviat millor a la feina. I recorda que és això: la teva feina. Això significa que primer has de fer la foto, i després, si vols, ajudes, t'hi involucres, plores, te n'oblides, et cagues en Déu o... el que sigui. Però primer la foto. Tots ens hi sentim implicats. No lluites per no prendre partit, perquè ho faràs. És inevitable. És com una defensa contra el que et cau al damunt, i el que se t'enfonsa dintre teu mentrestant. Però si vols fer alguna cosa de debò pels uns i els altres, encara que més per les víctimes, per descomptat, tu fes la teva feina. Aquesta foto pot fer que el teu cap de Govern i el meu decideixin ferhi alguna cosa, o els maleïts ianquis, o l'ONU. Una foto remou més consciències que mil paraules, i mil paraules més consciències que el silenci o el no res. Ets aquí per portar l'horror a les cases dels teus lectors i colpejar-los la consciència, i els l'has de dur. Altrament, hauria valgut més que haguessis anat a cobrir el Festival de Cannes.

Havia estat un llarg discurset, i amb el seu anglès, però vaig copsar-ne el sentit. La Laia va dir-me una vegada que no entenia com els periodistes podíem fotografiar o filmar una matança, i no fer cap altra cosa que restar quiets. Ni entenia com érem capaços d'agenollar-nos prop d'un nen moribund per fotografiar-lo, amb la seva mare cridant i plorant desesperada al costat, sense vomitar. Jo vaig respondre-li que el més probable era que després el periodista vomités.

Però primer, la foto.

En Gustav Mahler tenia raó.

Anava a dir-li que Stravinsky, Wagner i el mateix Mahler eren els meus músics clàssics favorits, per canviar de tema.

No vaig poder.

—Prepara't, perquè segons les meves dades estem entrant a la zona del conflicte. Darrere d'aquelles muntanyes hi ha Sezerkanda i això és terra de ningú —va sospirar l'alemany.

Tot just havia acabat de dir-ho, va esclatar el primer obús a uns vint metres davant nostre i a la dreta.

En Mahler va ser ràpid. Va girar el volant de cop, també a la dreta, com si es dirigís de dret al lloc de l'explosió. El segon obús va caure a l'esquerra, prop d'on hauríem estat si haguéssim continuat en línia recta.

—Agafa't!

Ja ho havia fet, si bé de manera precària. Una mà a la finestreta oberta i una altra al meu propi seient. No hi havia cap agafador sobre la finestreta ni tampoc al quadre de comandaments. Fora de la carretera, el cotxe va començar a fer voltes de campana d'un costat a l'altre.

El tercer obús va impactar just al mig de la calçada.

—Maleïts cabrons! —va remugar el meu company.

Vam zigzaguejar uns vint o trenta metres, fins que vam veure moviment al davant, al replec del camí. La carretera passava per un estret congost rocallós i ells eren allà, tot i que no teníem ni idea de si eren russos, independentistes locals o paramilitars musulmans.

—Treu un mocador blanc per la finestreta! —En Mahler, de sobte, em va tornar a mirar.— Deus portar un mocador blanc, no?

—El primer que vaig aprendre quan era petit va ser a rendir-me! —vaig provar de fer broma per donar-me ànim a mi mateix més que no pas a ell, que no semblava necessitar-ne—. No tenia ni mitja bufetada!

El quart obús va sacsejar-nos de ple. Jo ja tenia el mocador blanc fora de la finestreta i visible. Vaig sentir-me la mà castigada per l'explosió. Un vent huracanat va estar a punt de doblegar-me-la. Vaig començar a pensar que n'hi hauria prou amb un tros de metralla per a arrencar-me-la. Vaig alegrar-me de veure que seguia enganxada al meu cos.

—Ens haurem d'aturar! Prepara't!

—Que em prepari?

En Gustav Mahler va aturar el vehicle a uns deu metres de la carretera. No vam baixar-ne com si res. Ho vam fer pel seu costat, tots dos, ajupits, i ens hi vam parapetar. No sé com, però el cert és que el meu amic duia la seva càmera a la mà.

—*Press!* —va cridar—. *Friends!... Freund... Amis!...*

Va alçar la càmera. Jo vaig fer el mateix amb el mocador.

—I el teu equip? —em va preguntar.

—Al maleter, amb l'equipat...

—No et separis mai de la teva càmera! —va cridarme entre dents—. Mai!, entesos? Mai! Dorm amb ella, viu amb ella! És més important que el teu penis, maleït sigui! Collons! És que t'hauré de fer de mainadera?

Ja no hi havia obusos. Ara ens van disparar.

L'impacte d'una bala d'avís va fer diana a terra, davant del cotxe.

—És una alerta. —En Mahler va mossegar-se el llavi inferior.— Vinga, amunt.

Es va aixecar, càmera enlaire. Jo vaig secundar-lo, però crec que vaig esperar una fracció de segon, just per assegurar-me que no li engegaven un tret. No va passar res i vam quedar-nos allà mateix, veient com avançaven després que haguessin sortit de gairebé tot arreu, com els habitants de la ciutat fantasma que acabàvem de deixar. La majoria es van quedar enrere, de manera que tan sols cinc van acostar-se fins al lloc on érem nosaltres. Duien uniforme, però un uniforme que jo no coneixia.

—Russos? —vaig xiuxiuejar a en Mahler.

—Tropes locals —va respondre.

—I per què disparaven?

—Deuen estar nerviosos, com vols que ho sàpiga?

Quatre dels soldats van apuntar-nos amb les seves armes, no precisament modernes. Em va semblar que eren simples escopetes. El cinquè va avançar i va plantar-se davant nostre. Eren grans, cap d'ells no devia estar per sota dels trenta i molts. O potser allà, en una terra tan dura, tot era diferent. No cal dir que ens va parlar en la seva llengua i ens vam quedar igual.

—*English*? —va preguntar en Mahler.

El soldat va negar amb el cap.

—*French, german, italiano, spanish...*? —va insistir el meu company. El mateix.

—*Press* —va mostrar-li la càmera—. Ho veus? *Press. Presse.* OK?

El soldat va assentir. Després va assenyalar carretera amunt i va provar de fer-se entendre. Primer parlant en la seva llengua. Després va encertar una simple paraula anglesa, que vam comprendre.

—*Danger.*

Perill.

La resta va ser més fàcil. Sempre parlant amb signes va indicar-nos que estava a punt de pondre's el sol, i que seguir en aquelles condicions no era segur. Podíem desafiar-lo i insistir-hi, però en Mahler ni tan sols m'ho va preguntar.

—Passarem la nit amb ells. Relaxa't, noi.

Van deixar de ser hostils. Ens van envoltar ja sense

apuntar-nos amb les armes i van posar-se l'índex i el dit del mig als llavis diverses vegades. Més tabac. La resta també es va acostar. En Mahler va començar a fer broma amb ells.

—Avui vius, demà morts, maleïts cabrons! Sí, home, sí, tabac, tabac, és clar que tinc tabac! Vinga, com us dieu? Preparats per a la foto? Ah, Déu meu! Va, Nèstor!, encara no tens la càmera a la mà? Per a quin diari treballes, per a un suplement dominical? Vinga, home!

No va ser la millor nit de la meva vida.

Primer ens van dur, cotxe inclòs, a un quilòmetre de la carretera, en direcció oest. Allà, gairebé de manera sorprenent, hi havia un bosc, en una fondalada presidida per un petit llac de tot just vint metres de diàmetre. La resta de les seves tropes, si arribaven a això, eren allà. Vaig comptar uns dos-cents homes, mal proveïts i pitjor vestits. Molts no tenien ni uniforme, i els seus ulls deixaven entreveure la fatiga d'una guerra que si bé per a mi acabava de començar, per a ells ja era una ferida oberta des de feia anys. No ens van convidar a sopar. Això era cosa nostra. Per sort, en Mahler i jo dúiem alguna cosa: galetes, restes del menjar dels avions... En canvi, sí que van deixar-se fotografiar. Cap problema. Alguns fins i tot van posar amb tota la pinta de no haver-ho fet mai en sa vida. La seva primera foto "professional". Hi havia un cert orgull, en això.

I em vaig sentir proper als seus ulls tristos, la seva

mirada esquiva però també encuriosida —esquiva quan jo els mirava a ells i encuriosida quan ells em miraven a mi—, els seus rostres durs, la seva ambigua tosquedat, les seves mans enormes, la seva soledat.

Sóc pacifista, no crec en els exèrcits ni en les armes. Odio la guerra.

Però vaig adonar-me que a ells ningú no els havia preguntat si volien lluitar o no.

No, no va ser la millor nit de la meva vida.

Vaig dormir quatre hores, inquiet, em despertava a cada moment, espantat, immers en malsons atroços. Vaig sentir enveja d'en Mahler, que sí que dormia al meu costat com un soc, i roncava feliç. Em vaig posar a sospitar que, al capdavall, pensaven matar-nos. Per què, si no, ens havien conduït fins al seu campament? Sí, pensaven matar-nos, i allà era més segur. I si després ens agafaven els russos i buidàvem el sac? Érem un perill per a ells. Ni neutralitat ni res. El nostre cotxe els aniria com anell al dit. I vendrien les càmeres a qualsevol, o bé les canviarien per menjar o armes.

Quan vaig despertar-me del tot, a trenc d'alba, els soldats tudzbestans s'estaven retirant sota una ordenada calma.

—Mahler... Mahler!

El meu company va obrir els ulls. Es va trobar el meu cos gairebé damunt seu i va apartar-me amb un cop de mà.

—Què dimonis...?

—Se'n van.

—Qui se'n va?

—Ells, qui vols que sigui? Els soldats!

—Collons! —va remugar—. Quina hora és?

—Un quart de set.

Va quedar assegut, parpellejant, per reprendre el fil de la realitat. Va aconseguir-ho amb penes i treballs. Em va mirar a mi, després el cotxe i, finalment, el gros d'aquell miniexèrcit que es movia sigil·losament cap a Déu sabia on. Ningú no ens feia cas. Però la llum era bona, molt bona, gairebé un blanc i negre perfecte amb les tropes, els arbres, el llac, la boirina i els primers rajos de sol penetrant a través seu. De manera que vam reaccionar a l'uníson.

Colze a colze, disparant l'una rere l'altra una dotzena de fotografies.

L'últim soldat es va allunyar i ens vam quedar sols.

Em va semblar tan estrany.

Tan increïble i al mateix temps tan... poètic? No, no crec que sigui la paraula adequada. A deu mil quilòmetres la Laia potser estava prenent una dutxa d'aigua calenta, aliena i feliç, i milers de persones anirien a treballar, barallant-se amb els seus cotxes, preocupats per la seva salut, les vacances, la regulació de l'ocupació o les notes del nen.

I no em va saber greu no ser-hi, amb ells.

En aquell moment vaig saber que sempre, tota la meva vida, havia desitjat allò.

A més de ser escriptor i fer la primera gran novel·la espanyola del segle XXI.

—Som-hi —va ordenar en Mahler—. Com més aviat em prengui un cafè, més aviat em sentiré viu.

Vam ficar-nos al cotxe després d'haver lligat dos mocadors blancs als miralls laterals, i va ocupar novament el volant. Tot era en ordre, les nostres bosses, la roba, l'equip, els bidons amb les reserves de gasolina perquè no ens quedéssim secs i tirats enmig del no res...

Al cap de dues hores, durant les quals no ens va passar res més, ni vam rebre cap tret, tot i que sentíem mil parells d'ulls observant-nos des dels turons a banda i banda de la carretera i, el que és pitjor, una dotzena de punts de mira o teleobjectius orientats als nostres caps o bé a les rodes del cotxe, vam entrar a Sezerkanda.

L'Hotel Gatzok era un acadèmic edifici de quinze plantes situat al nord-est de la ciutat. Acadèmic per la seva simplicitat, de línies rectes, com un rectangle posat a terra sobre un dels costats. Estava pintat d'un blanc que s'havia tornat groguenc i tenia rastres de trets aquí i allà. I algunes canonades. El cas estrany era que es mantingués dret. Devia ser un dels pocs edificis alts de la capital encara alçat en el mateix estat sobre els seus fonaments. Bé, en realitat la zona on es trobava era de les més respectades. Ambaixades, parcs, el palau presidencial, el Parlament, algunes vil·les... Sezerkanda era com l'havia vist a través de la CNN: una ruïna. El que no havia estat bombardejat estava cremat, i el que no estava derruït s'aguantava gairebé miraculosament dempeus, però a punt de caure amb una simple bufada. Si la lluita era casa per casa, pedra per pedra, hi havia milers de pedres per les quals lluitar i des de les quals disparar. La sensació se'm va fer aclaparadora.

Continuava sent el meu primer de tot. La meva primera guerra, la meva primera corresponsalia, la meva primera capital en flames, el meu primer hotel al cul del món, el meu primer bateig de foc a l'infern, el meu...

Hi havia lloc. Malgrat que tots els corresponsals estàvem ficats allà, hi havia lloc. Dues-centes habitacions disponibles. Dues més no importaven. Ni els que arribessin, perquè n'esperaven més. El Tudzbestan tornava a ser als mapes, en primera línia de l'actualitat. L'habitació individual costava com al Taj de Bombai, el Fontainebleau de Miami Beach o el George V de París, i no per separat. Junts. Vaig preguntar-me si al món hi hauria dues-centes cadenes de TV o diaris capaços d'enviar-hi corresponsals.

L'ambient també era diferent, me'n vaig adonar de seguida. A fora hi havia una guerra, allà dins una festa, encara que aquesta paraula sigui pejorativa.

Una festa emmascarada, com la del condemnat a mort que celebra el seu últim sopar amb tota mena de luxes, però festa al cap i a la fi. Un grup cantant al bar, un altre discutint sobre futbol, uns quants més llegint al vestíbul o fent una becaina. Era com si no hi hagués ningú a les habitacions. Ningú no volia estar sol. En Mahler va trobar vells amics tot just entrar-hi, i es van posar a cridar i a cantar no sé quina cançó en un idioma que ni coneixia. Vells camarades. Els nous *hippies* irredimibles i romàntics.

Vaig preguntar-me quant temps es trigava a fer-se veterà allà.

Bé, si m'havien disparat potser ja ho era.

L'home del taulell duia un uniforme arrugat i un bigoti hermètic. Els seus ulls eren vermellosos. Va mirar el meu passaport i se li van il·luminar.

—*Es...pañolo...?* —va dir fent un esforç.

—Sí.

—*Oh, buen-no, sí. Buen-no* —va assentir amb el cap.

Vaig somriure-li estúpidament, perquè no se'm va acudir fer cap altra cosa, i li vaig signar tot el que em va posar al davant. Va lliurar-me la clau de l'habitació. Clau. Res de targeta magnètica. Una clau platejada unida a una plaqueta de fusta per mitjà d'un cadenat. La 1321. A mig món el pis 13 no existia, es passava del 12 al 14, igual que als avions. Però allà passaven de supersticions. Considerant el que tenien al damunt, això devia ser relatiu. Per sort, encara que espanyol, jo tampoc no ho era.

Vaig pujar a la meva habitació amb l'ascensor, i tan bon punt vaig entrar a dins i vaig veure la seva austeritat, em va agafar un indici de depressió. Això m'ha passat sempre que he entrat en una habitació de qualsevol hotel, encara que fos en una platja meravellosa. La sensació de distància, que allò serà casa teva durant els propers dies i t'hi has de trobar bé per força. I no diguem quan he hagut de canviar d'habitació cada dia, una setmana seguida, o bé dues. La sensació de frugalitat, com si tot fos efímer, esdevé més gran. A més, la 1321 de l'Hotel Gatzok no invitava a res que no fos al suïcidi. Un llit, un armari, una cadira, una taula i un televisor. Vaig passar del televisor i vaig acostar-me a la finestra. Tenia vidres, però estaven protegits amb unes tires gruixudes de cinta adhesiva de color groc, perquè no es rebentessin amb les explosions, si bé n'hi havia un que ja tenia nombroses esquerdes.

Allà van augmentar les meves vibracions.

El paisatge que es veia des del pis tretzè era desolador. La meva finestra no donava precisament a la millor zona, que quedava a l'altra banda, sinó que estava orientada cap a la resta de la ciutat, nord, centre i sud. Els edificis més alts es trobaven precisament al centre. Unes catorze o quinze torres com l'hotel, una dotzena o dotzena i mitja de pisos d'alçada, i una de molt més alta que devia tenir-ne prop de dues dotzenes. No s'hi intuïa cap mena d'activitat que fes pensar que estaven habitades. Era com ser a l'infern, però el de debò. Un infern humà, que deu ser pitjor que l'altre, suposant que existeixi. Gairebé de manera instintiva vaig allunyar-me de la finestra, per si a un franctirador se li acudia fer punteria amb el meu cap.

Els mals pensaments van començar a campar lliurement per la meva ment.

Què havia de fer en cas d'atac, bombardeig o el que fos, allotjat al pis 13? Havia de baixar amb ascensor o a peu? I què era millor, estar-me en un pis baix, per si de cas, o en un d'alt? Un simple matís era la diferència entre la vida i la mort.

Ho preguntaria a en Mahler.

Vaig esfondrar-me al llit. No feia ni vint-i-quatre hores que jo era una persona lliure en un món lliure. En vint-i-quatre hores m'havien passat més coses de les que podia recordar. No vaig poder evitar-ho: vaig pensar en la Laia, i en el meu pare, i en els ganduls del meu equip de futbol, ja de vacances amb les seves esplèndides nòvies —totes *miss*—. Bé, el meu pare també se n'aniria de lluna de mel amb la Carme al Carib. I la Laia...

Encara n'estava enamorat.

Després d'haver estat tres anys amb una dona, era impossible oblidar-la en tres dies.

Em van venir unes ganes tremendes de convertir-me en un heroi. A la Laia aquestes coses li agradaven d'allò més. Per a ella, les aparences eren molt importants, com quan em feia posar aquell vestit o aquella camisa per a anar a aquell lloc o a aquell altre. Aparences en un món que et mesura per una infinitat de premisses, menys per les més importants.

Un heroi.

Valia més que em conformés amb el fet de ser un supervivent.

No volia dormir, però estirat en aquell llit, després d'haver passat una nit en un bosc envoltat de soldats i pensant que ens retirarien de la circulació...

Vaig tancar els ulls i me'n vaig anar d'aquest món.

2

El sorollet sonava dins el meu cap.

Toc-toc.

Una vegada, dues. A la tercera vaig obrir els ulls i vaig descobrir que no, que no sonava dins el meu cap, sinó a la porta. Em vaig incorporar d'un salt i vaig parpellejar un parell de vegades, perquè m'havia quedat adormit.

—Ja vinc! —vaig anunciar.

No vaig creure que fos un cistell de fruites com a detall de benvinguda, de manera que només se'm va acudir pensar en dues coses: una cambrera amb tovalloles o bé en Mahler disposat a donar canya. Vaig obrir la porta.

I me'l vaig trobar, a ell.

No oblidaré mai aquella primera imatge.

Estava prim com una canya, era espigat, alt per la seva possible edat —vaig calcular-li uns dotze anys—, duia els cabells llargs i esbullats, desafiant polls i la resta de fauna bèl·lica en períodes de brutícia, i vestia una simple camisa i uns pantalons molt gastats, un parell de talles més grans que ell, la qual cosa provava que els havia heretat d'un germà gran o d'un mort trobat a qualsevol carrer. Però així, d'entrada, em van agradar dues coses: els seus ulls, brillants i alegres; i el seu somriure, obert i lluminós.

—Sí?

—Espanyol?

—Sí.

—Jo, Milo. —Va allargar-me la mà dreta amb un gest ràpid i es va quedar rígid com un pal esperant que li correspongués el gest.

L'hi vaig estrènyer.

—Primer espanyol, aquí tu. —Va moure el cap de dalt a baix mentre em tornava l'encaixada amb força, i el seu somriure ple de dents mal col·locades es va eixamplar encara més.

—Parles el meu idioma? —vaig reaccionar.

—Oh, sí —va tornar a assentir amb el cap—. Jo molt bo espanyol. Tu veus.

—Ja.

Érem encara a la porta, sense saber gaire bé què fer. Si més no, jo. En Milo va ser el primer a prendre la iniciativa. Va passar pel meu costat i va esmunyir-se cap a dins.

—Bona. Sí. —Va abastar el lloc amb els braços oberts.— Tu còmode.

—No ho entenc... —Vaig tancar la porta, però vaig restar quiet, observant-lo.

Llavors va deixar-ho anar.

—Milo, el teu guia.

Novament va assentir amb el cap, amunt i avall, dues o tres vegades.

—El meu... guia?

—Milo bo. —Va assenyalar la finestra.— Coneix tot. Tu, sort. Oh, sí. Tu, molta sort.

—Espera, espera... Com ho sabies, que jo sóc espanyol, si acabo d'arribar a l'hotel i...?

—Recepció coneix.

Vaig comprendre la lluïssor de la mirada del recepcionista, i la seva pregunta sobre si era *"españolo"*. Allà es movien de pressa.

—Tu no parla tudzbestà, oi? —va voler assegurar-se.

—No, no el parlo.

—Bé —va recuperar el somriure que havia minvat lleugerament amb la pregunta—. Milo, el teu home.

—Com és que saps espanyol?

—Mare, mestra. Molt amiga Espanya. Molt. Ella diu és gran país per a mi. Sóc únic aquí parla espanyol. Altres periodistes arriben aviat, però no Milo. Ja no. Milo tu.

—Parles més idiomes?

—Anglès mica malament. Només paraules perdudes.

—Soltes.

—Què?

—No, res —vaig sospirar i vaig fer un parell de passes fins a arribar al llit. Hi vaig seure.

No volia un "pigall"? Doncs el tenia allà. I era una joia. Sabia espanyol. No hauria d'entendre'm parlant un mal anglès amb un natiu que parlaria un encara pitjor mal anglès. Allò m'estalviava molts problemes. Tot i així, vaig provar de mantenir una posició digna, fins i tot dura. Els nens de la guerra devien ser més vius que la fam.

—Milo, sí? —va posar la directa ell.

—Espera, espera, no vagis tan de pressa. Quant cobres?

—Cobres? Serp?

—No, que quants diners vols? Diners, *money* —vaig unir el polze, l'índex i el dit del mig de la mà dreta i vaig fregar-los davant dels seus ulls.

—Ah, no —va ser emfàtic—. Milo no diners. Jo ajudo, tu ajudes. Jo bo guia, tu bo patró. Propina, menjar... Tu content, Milo content. Sí?

Tenia cap altra opció? Un "pigall" que parlava espanyol era una joia. Podia sentir-me feliç. Tanmateix, suposo que en aquells primers moments encara recelava d'ell. Si badava una mica, podia robar-me les càmeres i...

Vaig observar-lo. No tenia aspecte de lladre. Semblava el que era, ni més ni menys: un nen de la guerra. Un supervivent. Més de la meitat de la seva vida l'havia passada enmig d'aquella bogeria. Probablement no recordava els seus primers quatre o cinc anys, quan a casa seva hi havia coses tan normals com la llum elèctrica, aigua a l'aixeta i menjar a la nevera, cinemes al carrer i una escola on anar. Jo era la seva oportunitat i ell la meva.

—D'acord, Milo. —Ara vaig ser jo qui va allargar-li la mà.

—Oh, bé! —Se li va il·luminar la cara.— Tu no penedeixes. Tu satisfet. Tu veure. Avui descansa. Sí? Demà passo buscar aviat a baix. Set hores? Sí?

Se suposava que jo era el patró, però li vaig dir que sí.

A les set i deu del matí, descansat, rentat, i després d'haver esmorzat, vaig sortir de l'Hotel Gatzok i vaig trobar en Milo, assegut a les escalinates de la porta. Vestia el mateix que el dia anterior i la seva desmanegada figura infantil, de nen que experimentava els primers canvis de l'adolescència, va fer-me l'efecte d'una mutació genètica. El coll era llarg i el cap semblava un llumí. Estava tibat com un rave, mirant a l'altra banda del carrer. Vaig recordar alguns articles que havia llegit abans d'anar-me'n d'Espanya, periodistes que parlaven dels seus "pigalls" o "mainaderes". Frases que se m'havien quedat gravades a la ment, i l'havien impregnada de sensacions: "La meva mainadera tenia 27 anys, i vaig passar amb ella deu mesos a Bòsnia. Era com estar casat sense estar-ho, perquè mai no he arribat a dependre de ningú més del que vaig dependre d'ella en aquell temps", "Vaig compartir durant dotze, catorze, setze hores diàries la meva vida i la meva feina amb un nen de tot just deu anys, però era una rata. Ho sabia tot. Ara potser és mort. Me'n vaig anar i no he tornat a saber-ne res", "Jo era el gran periodista blanc, però qui manava en realitat era el meu intèrpret. Tenia catorze anys i m'informava diàriament d'allò que passava i on passava. Era com veure el meu propi fill, només uns quants mesos més petit. I vaig arribar a estimar-lo com a ell".

El sol lluïa en un cel sense núvols, però feia una mica de fred, potser per l'hora. No hi havia ni rastre d'en Mahler i m'hauria agradat saludar-lo, i agrair-li la seva ajuda per a arribar fins a Sezerkanda. Ara m'adonava que havia estat molt important. El dia abans, tan bon punt vam arribar al Gatzok, ens havíem separat, i tampoc no el vaig veure a l'hora de sopar.

En sortir de l'hotel amb les càmeres a l'espatlla, em vaig sentir una mica turista.

—Espanyol!

En Milo m'acabava de veure, ja estava dret i pujava les curtes escalinates en direcció a mi. El ritual de donar-me la mà va repetir-se en aquell matí tan ple de transcendències per a mi. Primer dia de feina.

—Em dic Nèstor.

—Net-tol?

—No, això era un abrillantador o alguna cosa semblant que feia servir la meva àvia. Nèstor.

—Espanyol més fàcil —va passar en Milo—. Anem?

—On?

—Veure ciutat, fer una idea aquí —em va posar un dit al front—. Ja?

Jo era el gran periodista blanc, però qui manava en realitat era ell.

—D'acord.

—D'acord és *OK*?

—Sí.

—Doncs d'acord. Cotxe?

—No tinc cotxe.

Va aturar-se al peu de les escalinates que ja havíem baixat i em va mirar amb la cara plena d'estupefacció.

—No cotxe?

—No.

—Si no cotxe, no reportatge. Com arribes tu aquí?

—Amb el cotxe d'un altre.

—Ja. —Va recordar allò del "d'acord" i em va demostrar que aprenia de pressa.— D'acord. Vine. Buscar cotxe.

—Coneixes una agència?

La mirada que em va adreçar va ser com la del mestre que mira un nen després que aquest li hagi dit que dos i dos són vint-i-dos. Però em va respondre, disposat a mostrar-me el seu costat més pacient.

—Milo sap.

D'això no en tenia cap dubte.

Vam recórrer unes tres o quatre illes de cases en línia recta, tot i que no eren precisament com les de l'Eixample de Barcelona, quadrades i perfectes, amb la qual cosa la distància es va fer imprecisa. A més, després de la segona, se'ns va aparèixer en un costat la primera casa derruïda, amb la seva dramàtica imatge de derrota arquitectònica, i després d'aquesta, la més intacta conservava un parell de parets dretes. El carrer aviat va esdevenir impracticable, runa, pedres, enormes forats produïts per les bombes. Vam girar a l'esquerra i el panorama encara va ser més desolador, si bé aquella, en el fons, sabia que seria la tònica constant durant la meva estada a Sezerkanda. A banda i banda vaig veure botigues buides i esclafades, tot i que el pitjor va ser quan vam passar per davant d'una escola. Es notava que ho era per les pintades infantils a les parets. Pintades d'un món millor. Encara es podien sentir les veus i els crits dels jocs que n'impregnaven els racons.

—Aquí gran batalla fa anys —va informar-me en Milo abastant la zona amb els braços.

—Qui contra qui?

—Nosaltres contra nosaltres —va ser tan elemental que em va doldre.

El meu avi havia fet la guerra civil a Espanya, i abans de morir, encara plorava recordant el dia que va matar un home i després va resultar ser un amic seu de la infantesa.

Vaig girar el cap. La silueta del Gatzok estava a la vista. Tan a prop, tan lluny. Allò era una illa, i jo vivia allà.

—Milo...

No vaig poder preguntar-li on vivia ni com ni amb qui ni...

—Arribem ja.

Vam baixar per una rampa lliure de runa i pedres i, davant la meva sorpresa, vam anar a parar a un garatge ple de restes de cotxes, motos, peces, materials de les més diverses procedències. No hi havia cap vehicle sencer, però s'endevinava que enmig d'aquell caos una mà experta era capaç d'exercir de Frankenstein i crear noves espècies motores amb enginy i l'impuls de la necessitat.

La mà experta estava ficada sota un cotxe. En sentir soroll va sortir. Era un home d'uns cinquanta anys, brut, tan prim com tots allà. Quan va veure en Milo, va obrir els braços.

Ja no vaig entendre el que deien.

Però va ser breu.

En Milo va tornar al meu costat i per un moment ja no em va semblar un nen, sinó un professional.

—Aconsegueixo transport, sí?

—De debò té alguna cosa? —vaig mirar al meu voltant.

—Vint dòlars dia.

—Què?

—Gasolina inclosa. Gasolina cara. Mercat negre.

Necessitava mobilitat. Tenint en compte el lloc on era, ningú no m'exigiria explicacions sobre les meves despeses.

—Quina mena de cotxe és?

—Només té una cosa. —No em va agradar gens allò de la "cosa", mentre el seguia per aquell laberint.— No cotxe. Però bo igual. Tu confia Milo.

Em vaig posar a tremolar.

—Saps portar? —El meu guia va aturar-se davant del nostre presumpte transport.

L'home del garatge em va donar una primera lliçó tan precària, però tant, sobre com canviar i accelerar i parar... que vaig apostar dos contra un que aquella mateixa nit acabaria en un hospital. Tot això sense oblidar que no circularia per carrers perfectament asfaltats, sinó que passaria per damunt de pedres i runa o bé esquivaria forats espantosos, encara que almenys no hi hauria trànsit.

Una moto.

Una moto amb sidecar.

M'hauria posat a riure si no fos perquè necessitava tot el meu ésser per a mantenir l'equilibri, la marxa i la velocitat.

En Milo, al sidecar, semblava un nen d'allò més feliç. Feina o no, tan bon punt vam sortir del garatge va semblar que es divertia com si fos en una de les atraccions de Port Aventura. Havíem pintat *PRESS* a la part del davant i al costat del capó del sidecar, i per a més seguretat vam instal·lar-hi un pal, subjecte darrere meu, amb un mocador blanc que onejava al vent com una bandera. Se suposava que amb això n'hi hauria prou. Però el fet de circular al descobert em semblava un risc excessiu. Al descobert i a poc a poc. Qualsevol franctirador podia apuntar-me, prendre's un cafè, i després disparar-me impunement.

—Milo, hi ha franctiradors?

—Sí, però no aquí.

—Respecten la premsa?

—Què és "respecten"?

—Que si... Oh, és igual!

—En quantes guerres tu? —va preguntar-me arrufant les celles.

No vaig contestar. Vaig esquivar una muntanya de runa i el forat provocat per un obús, que gairebé no va deixar-me espai per a continuar per aquell carrer. En Milo em guiava cada vegada que arribàvem a un encreuament.

—Per aquest costat.

Vam trigar uns vint minuts a arribar a la nostra destinació, especialment per les voltes que vam haver de fer per a evitar carrers destrossats o impossibles de travessar perquè les cases havien caigut sobre la calçada. Em vaig fixar que era el centre perquè vaig començar a veure edificis alts, els mateixos que havia vist des de la meva finestra el dia anterior. En Milo em va fer aturar gairebé a continuació.

—Centre —em va informar.

—Què hi fem, aquí?

—Tu veure ciutat.

A vegades semblava un indi de pel·lícula. Però no tenia ganes de riure. I menys d'ell.

—Tu guiar —vaig dir-li sense que notés que li prenia el pèl.

—Sí. —I va recordar la seva nova paraula:— D'acord.

Vam pujar a peu els vint-i-set pisos de la torre més alta de Sezerkanda. No els vaig haver de comptar. Estaven numerats. En un altre temps devia ser un edifici d'oficines, però ara era un mausoleu, un seguit d'espais buits en els quals no quedava absolutament res, ni les portes o els marcs, ni el paper de les parets o la moqueta del terra. En Milo estava en forma. Vaig ser jo qui el va aturar un parell de vegades, per descansar i prendre alè.

—Tu no atlètic.

—Jo petitburgès cabró, ja ho sé.

—No entenc.

—Val més que no ho sàpigues tot.

Vam arribar a dalt, a una espècie de mirador que donava als quatre vents. Vaig suposar que allò era una de les atraccions turístiques de la ciutat en temps de pau. Vaig acostar-me amb precaució a la barana, per por que si m'hi recolzava no caigués daltabaix.

—Tu tranquil —va dir el meu company—. No problema aquí.

—Milo sap.

—Sí, Milo sap —va assentir amb el cap mentre treia totes les dents a prendre el sol.

Vaig mirar al meu voltant. Des del meu hotel el paisatge era desolador. D'allà estant era tristament cruel. Una ciutat morta. Una ciutat buida. I tanmateix plena de Milos pertot arreu, i garatges als soterranis, i persones vivint d'alguna manera a les seves entranyes. Com va dir en Gustav Mahler a la primera ciutat que vam travessar en el nostre camí, n'hi hauria prou de sacsejar-la perquè les formigues caiguessin a patolls. En Milo va començar a guanyar-se el pa.

—Allà soldats, setge —va assenyalar en direcció sud—. Russos prenen guàrdia... posició —va rectificar—. Aquí i aquí —va assenyalar més a prop, al nord i est—, tudzbestans, independència. Guerrilla. Exèrcit no. Exèrcit fora, allà, muntanyes —el seu dit va assenyalar l'est—. Paramilitars... dissidents musulmans o prorussos, pocs, però ocupen petita part sector oest, i fan batalla per tota ciutat. Sí?

—Sí —vaig acceptar.

—Preguntes?

—Tot sembla en calma.

—Dos dies calma, sí. No trets.

—Per què?

—No sé —va prémer els llavis—. Es parla gran ofensiva russa.

—Tu a qui fas costat?

—Jo guerriller —va alçar el cap amb orgull—. Jo a guerrilla si no guiar tu. Amb arma —va subjectar un rifle imaginari—. Jo millor guia tu, sí?

—Molt millor —vaig reconèixer—. I els teus pares?

—Mare morta un any fa. Papa no sé. Lluita. Amb general Zuderian —va mirar cap a l'est, allà on m'havia dit que era el seu exèrcit, o el que en quedava després d'aquells anys de guerra—. No veig des de fa temps.

No vaig sentir pena per ell. Va ser estrany. Vaig sentir admiració.

—Estàs sol?

—Germans, germanes, cosins, cosines...

—Aquí?

—Sí, aquí —va fer un gest tan ambigu assenyalant a l'altra banda de la barana que va poder abastar tota la ciutat. El seu especial somriure s'encomanava fàcilment. No vaig tenir temps per a formular-li cap altra pregunta. Me la va fer ell a mi—. Tu bo periodista?

—No ho sé —vaig reconèixer.

—Sí, sí, tu bo periodista... ah... es diu així? Bo? Bon? —Vaig assentir amb el cap i va continuar.— Si tu aquí, tu bo. Aquesta és bona guerra per a tu. Ara equip, sí? Tu i jo equip.

Va alçar el polze de la mà dreta cap amunt i va tornar l'orgull.

—És clar —vaig concedir-li aquella petita satisfacció.

—Bé —va sospirar—. Anem comprar coses.

I va començar a caminar escales avall.

El taller havia estat una sorpresa, però la botiga de queviures, pur mercat negre, va ser... un cop a la meva consciència. Com descobrir un forat al mitjó, però per dins. És a dir, invisible des de fora.

Calia ficar-hi la mà i girar-lo al revés.

No era lluny de l'hotel, perquè n'havia entrevist la silueta un parell de vegades mentre donàvem voltes d'una banda a l'altra. La meva primera lliçó sobre com estaven les coses a Sezerkanda havia arribat a la fi. En Milo era força gràfic, responia amb desimboltura i naturalitat, i el que no sabia, no ho deia. Quanta gent devia viure actualment a la capital? Ni idea. Com subsistien? Cadascú s'espavilava com podia. Com es podia saber qui disparava? Ni idea. —Bé, si la víctima era d'un bàndol el tirador devia ser dels altres dos, equació simple.— Sabien que la resta del món assistia "alarmat" al nou brot de violència? No, i comparat amb el que havien fet abans, el que fessin ara importava més aviat poc. Esperança? Els ulls d'en Milo, desarmats i nets, van sotjar-me l'ànima en sentir aquesta paraula dels meus llavis.

Esperança?

Tenia dotze anys. La seva esperança era arribar a l'endemà.

Fer-ne tretze semblava més aviat un somni.

Però tornem a l'assumpte de la botiga.

Vam arribar-hi a través d'un edifici, un pati, un soterrani i una galeria a cel obert que donava a una petita porta darrere la qual s'amagava aquella espècie de cova d'Alí Babà. En una ciutat que probablement es moria de gana, allò era un desafiament a la raó i a la lògica. Ningú no pensava arrasar aquell supermercat? Ningú no mataria el malparit que...?

Hi havia de tot: sucre, sal, cafè, tabac, farina, llaunes

de conserves, arrossos... El Corn de l'Abundància en versió tudzbestana. I a preus de Tiffany's. L'amo, un homenet diminut i de rostre afilat, ulls sortints i mans ossades, va fer l'ullet a en Milo com a mostra d'agraïment per haver-li portat un bon client com jo, i després va observar-me amb curiositat, tot i que es va abstenir de parlar amb mi. En Milo sí que ho va fer. Vaig entendre més o menys una sola paraula: "espanyol", que en el seu idioma va sonar si fa no fa com "spanyulinka". L'home va deixar anar una tirallonga d'observacions i va riure.

Em van venir ganes d'agafar-lo pel coll i escanyar-lo.

Pura antipatia personal.

En Milo tenia només dues mans, però molt ràpides i amb un excel·lent criteri a l'hora de seleccionar productes; i dos únics braços, però valga'm Déu que sabia com utilitzar-los per a sostenir coses amb un sòlid equilibri, perquè allà no hi havia bosses per a emportar-se res. Va carregar quatre paquets d'arròs, dos de farina, mitja dotzena de llaunes de conserves i fins i tot dos ous —dos ous!—, protegits amb cura de qualsevol accident no desitjat. Es va ficar a les butxaques dos cartrons de tabac i unes estranyes tires de carn seca i desconeguda per al meu gust occidental. Mentre ho duia al sidecar de la moto, va ferme un gest i va pronunciar una simple paraula.

—Paga.

Vaig pagar. En dòlars. La moneda local, el tudzi, encara no l'havia vista. No crec que existís. Washington i els altres personatges dels bitllets americans campaven lliurement per tot el món. El dòlar era la nova religió. La

Bíblia d'una sola pàgina. Tenia milions de devots adoradors i conversos absoluts.

Com per a mantenir en vigor uns principis.

Vaig sortir a fora amb les celles arrufades. En Milo m'esperava al costat de la moto, indiferent, com si res. La càrrega ocupava ara el sidecar, per la qual cosa es disposava a viatjar assegut darrere meu. Vaig pensar que em prenia el pèl. Que devia tenir pinta de passerell principiant. Això em va fer sentir incòmode.

Començava a descobrir que realment el necessitava.

—Què és tot això? —vaig preguntar-li assenyalant el sidecar.

—Menjar.

—Ja ho sé, que és menjar! Però vull saber per a qui és aquest menjar, d'acord?

Els seus ulls van ser nets i transparents.

La veu, sincera.

—És propina meva.

—La teva... propina?

—Sí. Menjar família.

Vaig recordar allò dels germans i germanes, cosins i cosines.

—Déu meu —vaig sospirar.

—Tot no meu —va ficar la mà al sidecar i en va treure un dels dos cartrons de tabac. *Lucky Strike*. Genuïnament americà. Va allargar-me'l amb un gest imperiós—. Tu portes. Fa falta.

—Això m'han dit —vaig recordar en Mahler.

—No fumes?

—No.

—Gai?

—Vols veure com et clavo una...?

El meu gest no el va espantar. Es va posar a riure gairebé a l'instant. Era la primera vegada que el veia riure. I no riure sense més ni més, sinó esclafir una rialla. Una rialla absoluta, lliure i feliç. La rialla d'un nen com qualsevol nen, tot i que la seva estigués envoltada de silenci, buit i dolor.

—Ja sé tu no gai! —em va aclarir de tota manera—. Aquí fumar és bona cosa.

—Allà ja no. Mata.

A qui parlava jo de coses que maten?

Vaig pujar a la moto i vaig engegar-la, mentre ell s'estrenyia darrere meu i s'agafava posant-me els braços al voltant de la cintura. Uns braços prims com filaments foscos. Se'm va acudir preguntar-me quant temps devia fer que ningú no l'abraçava.

O potser anava errat. Potser fins i tot ja tenia una nòvia.

Coses de la guerra.

—Primera a dreta —em va indicar.

No anàvem a l'hotel. Ara era el repartidor del supermercat. Servei a domicili. Vaig optar per no dir res. Encara que el menjar fos a preu de Tiffany's, continuava estant en un país immers en un conflicte armat i jo era un corresponsal. Calia que em comportés com a tal. Un corresponsal amb la seva "mainadera", el seu "pigall", el seu intèrpret.

Crec que començava a adonar-me com era d'important no estar sol allà.

I encara més que estar-ho, sentir-ho.

Vam arribar a la nostra destinació al cap d'uns altres quinze minuts. Era una de les zones més bombardejades, i la moto va avançar amb penes i treballs per carrers que havien passat a millor vida. Solars sencers coberts de runa. Seguia sense veure ningú. En tot el dia no havia vist ni una ànima, civil o bèl·lica. Res.

—I la gent? —vaig atrevir-me a preguntar.

—Nit és més fàcil.

Un minut després em va fer aturar en una cantonada. No va demanar-me que l'ajudés. Va tornar a carregar ell sol tots els productes, hàbilment. El seu sentit de l'equilibri em va semblar prodigiós. Després va desaparèixer darrere una porta a l'altra banda de la qual no hi havia res. Temps enrere, el barri, la casa, devien ser llocs agradables. Senzills, però agradables. Vaig recolzar-me a la paret, per no quedar a la vista de ningú al mig del carrer, i vaig esperar un minut, dos, cinc.

Ni rastre d'en Milo.

Al cap de deu minuts vaig començar a sospitar que m'havia fet el salt. Que un cop aconseguit el seu objectiu, el menjar, havia decidit passar de mi. Estava segur que no el trobaria mai més.

Vaig començar a posar-me furiós, sobretot amb mi mateix.

Però em vaig sentir malament quan, un minut després d'haver tingut aquells pensaments negatius, en Milo va aparèixer al meu costat, com un conill acabat de sortir d'un barret, sense fer el més petit soroll.

—Hola —va donar-me uns copets amistosos a l'espatlla.

—On eres?

—Lluny —va fer cara de demanar disculpes—. Complicat anar. Anem feina?

—Feina?

—Hospital —em va aclarir—. Tu fotos ferits. Horror guerra. Això ven. I tu vens diari, no? Anem hospital.

Tenia la broqueta de xai i l'arròs a mig consumir, i em preguntava si valia la pena acabar-se el plat, encara que fos per compromís, per vergonya occidental en un país sumit en la barbàrie de la guerra, quan en Gustav Mahler va aparèixer al meu costat.

—Espanyol!

Va seure davant meu i em va semblar com si fos un vell amic, estimat i entranyable, que feia un munt de temps que no veia.

—Hola —vaig tractar de semblar animat, tot i que el meu "*Hello*" va sonar si fa no fa com un "helou" sense gaire vida.

—Com et va?

—Bé —vaig arronsar les espatlles.

—No ho sembla. Tens mal aspecte.

—Se'm nota?

—Completament.

La Laia deia que no sabia dissimular, que la meva cara i els meus ulls sempre em traïen. M'emprenyava molt haver de reconèixer que tenia raó. Com a periodista, allò em semblava un senyal de feblesa que em feia transparent.

—He estat a l'hospital i al cementiri.

—Ja, molt bé.

—És com veure la realitat de cop, la veritable guerra. Els soldats fan la feina, però als hospitals i als cementiris hi ha la resposta.

—Has fet fotos?

—Sí, i m'han explicat algunes històries.

—Hi has anat sol?

—Tinc un intèrpret. Un noi.

—Caram, si que has anat de pressa. És bo?

—Crec que sí. I parla espanyol.

—De debò? —En Mahler va fer uns ulls com unes taronges.— Aquí?

—Ja veus. La seva mare era mestra.

—Quants anys té?

—Dotze, em sembla.

El meu company d'ofici va arrugar la cara.

—Què passa? —vaig preguntar.

—Molt jove —va prémer els llavis—. Millor algú de més edat. Però si parla la teva llengua...

—Tu tens intèrpret?

—La Jivara —va assentir—. Vint-i-dos anys.

—Caram, Mahler —em va donar per somriure.

—És lletja, amic meu. És una garantia. —Va abaixar els ulls com si li sabés greu haver-ho dit i quan va alçar-los de nou va canviar el to de la veu per dir-me:— No li agafis afecte, al teu.

—Per què?

—Ja el saps, el perquè. La guerra, la seva situació, el seu magre futur... Van i vénen. A més, són sempre les primeres víctimes. Tant si vols com si no vols, la teva consciència occidental començarà a molestar-te, a pessigar-te a la nit, a empipar-te durant el dia. Per això és millor algú més gran. Li pagaràs, li donaràs propines, li proporcionaràs menjar, i facis el que facis i per molt que ell treballi i li corresponguis, sempre et semblarà poc, perquè tu tens un passaport, diners i un bitllet per a anar-te'n quan vulguis, mentre que ell està condemnat a viure i a morir aquí. Això és dur, ho sé per experiència. Tens fills?

—No, sóc solter.

—Germans?

—Fill únic.

—Has tractat mai amb nens?

—No.

—Doncs no te'n refiïs. Aquesta criatura ha viscut més anys en guerra que en pau. Deu ser un supervivent, i sens dubte és més llest que tu. Pot ser que et vegi morir ell a tu, pot ser que el vegis morir tu a ell, pot ser que no mori ningú... Però et repeteixo que ell es quedarà aquí passi el que passi i tu no. I ho sap.

Vaig mirar la resta de la broqueta i el grapat de grans d'arròs que havia arraconat amb la forquilla en un costat del plat. Ja no tenia gana. Fins i tot el que havia menjat se'm començava a rebel·lar a l'estómac, no sé si pel canvi d'hàbits i sabors o si pel canvi d'aigües o si pels records de l'hospital o si...

—Anem! —En Mahler va donar-me un copet al braç.— He organitzat una festa a la meva habitació amb uns amics retrobats. T'estava buscant per convidar-te. Ha arribat l'hora que et relacionis i facis amics en aquest zoo! Hi ha cervesa i potser vindran unes noies!

La primera explosió em va fer obrir els ulls.

La segona i la tercera, gairebé encadenades, van il·luminar l'habitació amb el seu fantasmagòric solc.

Amb la quarta vaig saltar del llit, o per dir-ho millor vaig caure.

L'hotel sencer tremolava. Vaig arrossegar-me fins a la finestra en calçotets amb molt poca dignitat, de quatre grapes, i vaig treure el cap arran de l'ampit per veure què passava a l'altre costat. Les explosions ja eren més contínues, i a la nit, aquella brillantor moradenca va ser el mateix que veure un infern des del cel.

A algú se li havia acudit destruir alguna cosa a les cinc de la matinada. I ho feia a consciència.

Massa a prop.

I no solament de l'hotel, sinó també de l'hospital on havia vist les misèries de la guerra.

—Cabrons... —vaig exhalar.

Vaig recular fins a la tauleta, sense atrevir-me a posarme dret, per si al cap i a la fi els vidres rebentaven, tot i la protecció de les tires adhesives. Vaig agafar les dues càmeres i vaig tornar al meu punt d'observació. En una d'aquestes hi havia pel·lícula sensible, de manera que vaig enfocar i vaig disparar una dotzena d'instantànies consecutives. Vaig encertar diverses explosions.

S'acostaven.

Ara esclataven entre l'hospital i l'hotel.

Quan es va acabar el rodet vaig seure d'esquena a la paret, i just quan el canviava va passar el que tant havia temut. L'última bomba devia esclatar massa a prop perquè els vidres resistissin. El que ja estava esquerdat va saltar pels aires. Les restes van arribar al mateix llit.

Era el moment de vestir-se, per si calia evacuar l'edifici.

Quan acabava de fer-ho, a terra, donant voltes sobre mi mateix mentre s'intensificava el bombardeig, van trucar a la porta, a cops. Vaig dirigir-m'hi gatejant, tot evitant els vidres per no tallar-me, i vaig obrir-la creient que trobaria algú de l'hotel, però era en Mahler.

—Eh, Nèstor! —va cridar amb un somriure d'orella a orella—. És l'ofensiva russa, i en tota regla! El teu baptisme de foc real! Som-hi!

Anava equipat amb l'armilla, tres càmeres i pintures de guerra. Sengles traços negres a les galtes. Tan sols vaig haver d'aixecar-me, agafar l'armilla amb la provisió de rodets, oblidar-me de tota la resta i sortir darrere seu. Vaig tancar la porta i vam córrer cap als ascensors.

—Baixem a peu?

—No!

—I si se'n va la llum?

No em va fer cas, vam precipitar-nos sobre el primer que va arribar i ens vam trobar amb un italià i un anglès que ja m'havia presentat a la festa. L'anglès havia begut molta cervesa, i tanmateix ara estava completament desencaparrat i amb els ulls ben desperts. Vam baixar a la planta baixa, que tenia aspecte de convenció de tot menys del que era, i des d'allà vam arribar al garatge. L'anglès ja no hi era, però l'italià sí.

—Cotxe? —ens va preguntar.

—Sí, vine amb nosaltres —va convidar-lo en Mahler.

No va ser l'únic. S'hi va afegir un grec que havia estat donant puntades de peu al seu propi cotxe, perquè es negava a funcionar. Si més no, em vaig sentir emparat.

Tots quatre ens vam ficar dins del vehicle, en Mahler

al volant, jo al seu costat i els altres dos darrere. No vam tenir temps per a res més i vam sortir com un llamp.

Amb les nostres identificacions de *PRESS* i els mocadors blancs lligats als miralls retrovisors laterals.

Sabien llegir les bombes que queien cegues des del cel?

Ser "prop" o "lluny" d'un combat són conceptes abstractes, i més en una guerra a tres bandes en una ciutat assetjada, bombardejada i condemnada a l'arrasament total. Així doncs, no vaig saber si en Mahler es dirigia al cor de les explosions o bé se'n mantenia prou allunyat perquè no ens fessin saltar pels aires. Els russos destruïen allò que ja havia estat destruït per assegurar-se que el seu assalt seria més balsàmic. Això no obstant, tots sabíem que, sota terra, aquella gent seguia respirant. Txetxènia havia estat un bany de sang, però els txetxens van resistir i els russos encara no havien aconseguit el control absolut del territori. Les guerrilles eren com formigues. Resultava impossible matar-les una per una.

Ara sí que vaig veure soldats. Tropes locals. Els independentistes tudzbestans, disposats a fer front a la primera onada russa. I no eren pocs. Era un exèrcit, si bé disseminat sense ordre aparent al llarg d'una línia imaginària que devia ser el front dins la ciutat. Vam passar per la rereguarda a tota velocitat, saltant per damunt de la runa, amb el risc de caure en un clot o bé perdre una roda en un dels forats. No dúiem els llums encesos, per no delatar la nostra posició. En teníem prou amb la resplendor de les explosions. Alguns soldats ens van mirar, però no ens va aturar ningú. Nosaltres no comptàvem.

—Vigila aquell!

"Aquell" era un tanc, apostat darrere d'un mur, just davant nostre, que va aparèixer després d'haver girat a la cantonada. L'oficial de la torreta va fer-nos senyals perquè ens desviéssim cap a l'esquerra. En Mahler va provar de mantenir el rumb, cap endavant, fent cas omís de les seves indicacions, i ens vam trobar amb un altre tanc, aquest rus, que ens venia de cara. Va fer girar bruscament el volant abans que ens disparés.

—Collons!

Vaig mirar en Mahler. Ja no somreia, però els seus ulls brillaven com llanternes. Li fluïa tanta adrenalina de tots els porus del cos, que es podia recol·lectar i embotellar. Vaig pensar en la seva família, en els seus fills. Què impulsava un home així a fer allò? Creia que tots els corresponsals de guerra eren bojos o eren solters.

Vam continuar circulant uns quants minuts més. Clarejava. L'italià i el grec feien fotos, cada un pel seu costat, a la part del darrere del cotxe. Jo tenia la càmera a la falda, però encara no havia fet res. La segona trobada va ser amb un altre grup de tudzbestans, aquests sense uniforme, amb la qual cosa podien pertànyer a la guerrilla paramilitar musulmana. Vam aturar-nos per fer marxa enrere en un carrer tallat i ens van encerclar. Vam treure les càmeres per les finestretes i això va ser tot.

O gairebé.

De sobte, una pluja de bales i foc es va abatre damunt seu.

En Mahler no va tenir temps de corregir el rumb. Va continuar circulant cap enrere a la desesperada. Una bala va fer miques el mirall retrovisor del meu costat i vaig allunyar-me de la finestreta. Vaig veure caure els meus primers homes. A un va tocar-lo un projectil al pit i es va ensorrar feixugament, fulminat. Un segon va rebre en una cama i va començar a cridar tot buscant la manera de tapar el forat, del qual començava a fluir una font de sang. A un tercer crec que van encertar-li un braç. Per fi, en Mahler va aconseguir fer la volta per avançar de cara.

—Què fas? —vaig preguntar-li.

—Tranquil!

Era un veterà. Havia estat en totes les guerres. I encara era viu.

—U-hu! —va cantar l'italià, no sé si per demostrar que ell també estava boig o bé per alliberar tensió.

—Ja vénen! —va assenyalar el meu amic alemany.

Venien. De cara. Els russos. I acabàvem de deixar enrere els tudzbestans, de manera que érem al mig. Un altre cop de volant va fer que ens allunyéssim d'aquella incòmoda posició.

Al cap de menys de cent metres, en Mahler va aturar el cotxe.

—Aquest és un bon lloc —va dir.

Érem en un descampat, a la vista de tothom. Vaig comprendre que ningú no s'arriscaria a sortir a cel obert, de manera que, certament, era un bon lloc. La batalla s'esdevenia entre les ruïnes, pam a pam. Vam baixar del cotxe i, parapetats darrere seu, vam apuntar les nostres càmeres cap al lloc on els russos i les tropes locals estaven a punt de matar-se entre si. Nosaltres dispararíem fotos, mentre ells dispararien bales. Nosaltres fotografiaríem la mort, mentre ells se la regalarien mútuament. L'odi dels uns seria la fugissera captura d'imatges per als altres. Ells i nosaltres.

No vaig tenir temps de pensar en res més.

O cridava o feia fotos.

I vaig començar a fer fotos.

El meu dit prement el disparador. La mà esquerra enfocant, obrint o tancant el diafragma. Canvi de càmera. Teleobjectiu. Canvi de rodet. Un primer pla d'un soldat que a cent metres del lloc on érem mirava cap endavant amb el rostre tens. A través d'aquell objectiu podia palpar-li la por, tocar-li la suor. I, de sobte, ja no tenia cap.

Els trets, les explosions, van arribar gairebé després d'una eternitat, encara que només fos una fracció de segon.

Els tudzbestans van recular.

—Marxem! —va cridar en Mahler.

Vam tornar al cotxe i ens vam mantenir paral·lels al combat, però ja no en un descampat com aquell. Ens vam submergir de nou entre els edificis destruïts i vam vorejar el que en un altre temps devia haver estat un parc per a nens, gent gran i parelles d'enamorats. Les males herbes hi havien crescut de forma selvàtica, i per això tenia l'aspecte de jardí abandonat i maltractat. Les bombes tampoc no l'havien perdonat, ja que s'hi podien veure uns quants arbres caiguts, arrencats de la seva terra natal.

En Mahler va aturar el cotxe.

El que va passar durant els dos o tres minuts següents va ser una espècie de vertigen irreal, una pel·lícula en la qual jo era protagonista i al mateix temps testimoni. La realitat virtual de la guerra.

No sé com ens vam separar. Però ho vam fer. No sé què va impulsar-me a moure'm, o què va impulsar-los a ells. En un moment ens vam trobar envoltats de soldats russos. Els tudzbestans s'hi van llançar al damunt des de dos costats, i van atrapar-los entre dos focs. Si la guerra és cruel, un cos a cos és la seva part més inhumana. Des de lluny mates sense veure el rostre de l'enemic. En un cos a cos li veus la cara, la teva por reflectida en la seva por. I allà ningú no agafava presoners. Vaig recordar la frase. Havia estat el títol d'un àlbum d'Uriah Heep: *Take no prisoners*. Una cosa és dir-ho i una altra veure-ho.

El soldat rus i el tudzbestà es van trobar cara a cara. La lluita va ser breu. El rus va acabar desarmant el seu enemic. Em pensava que se l'emportaria i punt. El tudzbestà va alçar les mans. Tots dos eren joves. Ho vaig poder veure bé, perquè el matí ja clarejava amb prou intensitat perquè se'ls veiessin els rostres. Molt joves, però el rus encara més.

Quan va degollar el seu presoner, em va venir l'arcada i vaig vomitar.

Broqueta de xai, arròs i cerveses, tot junt.

Ni tan sols vaig fotografiar-ho.

Podia haver-ho fet. Una foto de portada. Podia i no ho vaig fer. Des del moment que vaig veure el ganivet a la mà del soldat...

Vaig caure de morros i, quan vaig alçar el cap, davant meu tan sols hi havia el mort. Llavors em vaig sentir sol, la dimensió del perill es va apoderar de mi i vaig buscar en Mahler i els altres.

Però no hi eren.

—Mahler!

Vaig veure el cotxe a l'altra banda del carrer, a un món de distància. Però la batalla continuava, just entre ells i jo. Els meus tres companys reculaven. En Mahler va localitzar-me i em va fer un senyal evident: que no em mogués. Vaig sentir l'alemany entre el soroll dels trets, de forma entretallada.

—No... Quiet... Tranquil... Temps... Després...!

No vaig voler fer-li cas, i em vaig aixecar disposat a córrer cap a ells amb la càmera enlaire. No vaig poder fer ni una passa. Dos trets a un metre dels meus peus van fer que m'amagués de nou a terra, al forat d'un arbre les arrels del qual s'alçaven enlaire impotents. Vaig treure el cap just per veure com en Mahler, l'italià i el grec es ficaven al cotxe.

El primer obús va estar punt de fer-los caure de costat.

Van sortir com un llamp.

El segon no els va tocar de ple, però gairebé.

Vaig veure com el cotxe volava per l'aire, uns cinc metres. Em coïen els ulls pel fum, però no vaig poder ni parpellejar. De sobte, el combat tornava a agreujar-se. A dreta i esquerra els uns i els altres continuaven disparant-se, trobant-se cara a cara a vegades, avançant i reculant alternativament, i quedant-se finalment al lloc on eren.

Quan el fum es va dissipar prou, vaig veure una altra cosa: l'italià i el grec traient en Mahler del cotxe, inconscient. Van recular fins que els vaig perdre de vista, després d'haver donat per perdut el vehicle bolcat.

Vaig aixecar-me una altra vegada.

I aquest cop no van ser trets. Un obús va arrencar-me del terra i la seva ona expansiva em va empènyer com una fulla contra un terraplè ple de fang, en el qual vaig quedar encastat. Això em va salvar la vida.

Però estava sol, i em vaig sentir perdut.

Sol enmig del no res i amb les meves càmeres com a única possible protecció.

Quant dura una batalla?

Un pot arribar a pensar que molt poc. Els soldats es troben, es maten entre si, i això és tot. Qui en mata més, guanya. Qui sobreviu, venç. Però la naturalesa humana és rebel. Ens resistim a morir. I tampoc no és el mateix un combat en un descampat, o bé en unes trinxeres. A la Primera Guerra Mundial, els alemanys i els aliats van estar molts mesos a les trinxeres, avançant ara cent metres els uns, avançant ara cent metres els altres. Lluitar en una ciutat devia ser el mateix.

Minut a minut. Hora a hora.

Durant tot el dia vaig veure soldats russos i soldats tudzbestans. Ara sortien els primers per la dreta, ara ho feien per l'esquerra. Era una bogeria. A la zona del parc on era jo, hi van arribar tres vegades: dues els russos i una els tudzbestans. Vaig moure les càmeres i van passar de llarg. Però no vaig seguir-los.

Ho reconec: tenia por.

Estava aïllat del món, perdut, lluny de l'hotel, immers en la batalla. I estava cagat de por. Sé prou bé que no és una expressió gaire adequada, però és la que defineix més bé la situació. Creia que els corresponsals explicaven el que veien, però des de lluny. I enviaven cròniques veient la televisió local o bé llegint la premsa del país. El problema era que allà no hi havia televisió local, ni premsa. El problema era que el Tudzbestan ja no era un país, encara que els uns lluitaven perquè ho fos i els altres per mantenir-lo dins d'un sistema. Al televisor de la meva habitació, s'hi podien veure emissores internacionals, com la CNN, gràcies a la parabòlica de la teulada. Això era tot. I jo m'havia convertit en un veritable corresponsal, de primera línia.

—Mahler, si no estàs mort et mataré jo...! —vaig gemegar.

Maleït boig.

Al migdia els trets van disminuir per primera vegada, però no vaig pensar que es donessin un alto el foc per a menjar. Van tornar a augmentar les ràfegues i les explosions i a mitja tarda el clamor del combat va arribar a un dels punts més àlgids, si bé semblava que tot s'esdevenia més lluny, a uns dos-cents o tres-cents metres del lloc on em trobava. Això no obstant, les cames no em responien. Vaig intentar aixecar-me i sortir un parell de vegades, però les tenia de cartró i se'm doblegaven. No sabia que la por pogués durar tant, impregnar tant un cos tenallat per ella mateixa. De manera que vaig descobrir algunes coses sobre mi mateix que desconeixia, i unes quantes més en referència a altres detalls essencials, com, per exemple, el límit de la meva resistència, la meva capacitat de patiment, la meva moral.

Tot més aviat escàs.

Per a completar la situació, primer va aparèixer la set, i després la gana. La segona era suportable. La primera, no.

Quan la tarda va començar a declinar, la por es va convertir en pànic.

No em veia capaç de passar una nit allà, però encara no tenia prou ànim per a intentar anar-me'n sol. Havia perdut les forces. Algú m'havia arrabassat l'energia.

Vaig tenir ganes de plorar.

La meva mare era creient. Abans de morir va dir-me que m'esperaria al cel. Vaig mirar el cel i vaig pensar que no era el meu. Que era el cel tudzbestà. Volia morir a casa meva, de vell, amb noranta anys, envoltat pels meus fills i els meus néts. Em vaig abraçar a aquella visió esperançadora. Vaig arribar a veure-la. I també la Laia. Ella era allà.

Això em va fer sentir estrany.

Encara n'estava enamorat.

Suposo que aquesta ximpleria va ser el que em va fer reaccionar. Si em quedava quiet acabaria mort. Si sortia, amb les càmeres enlaire i el mocador al vent, només m'hauria d'orientar i buscar l'hotel. Era prou alt perquè pogués veure'l des de molts llocs, abans que la ciutat s'inundés d'ombres.

—Vinga, Nèstor, vinga! —em vaig donar ànim.

Era un corresponsal de guerra. No tenia sentit que em disparessin.

—Espanyol!

Si en algun moment de la meva vida se m'ha aturat el cor al pit, crec que va ser llavors.

—Espanyol, ets aquí!

Milo?

Vaig treure el cap arran de terra. Estava fet un fàstic i encartronat, ple de fang mig sec mig humit per totes bandes. El meu intèrpret era al costat, molt a prop del cotxe d'en Mahler, buscant pels voltants. No cridava gaire fort, però tampoc no ho feia amb discreció.

—Milo! —vaig alçar una mà.

Em va veure.

I des d'aquella distància jo també vaig veure una cosa: el seu somriure ple de dents.

—No moguis! Vinc buscar-te!, sí?

Va córrer fins a la meva posició, doblegat sobre si mateix, i va saltar al buit amb energia, com si jugués. Se'l veia una mica espantat, però feliç pel retrobament. Jo encara ho estava més. No entenia gaire què hi feia, allà, tot i que em semblava que no podia ser un fet casual.

—Tu boig! —va ser la seva primera salutació—. Tu candidat mort! Això és guerra, ni pícnic!

—Caram, Milo...

—Tu encara no saps! —va enfonsar-me un dit al pit, enfadat—. Què fas aquí?

—No m'atrevia a sortir.

—Por, sí?

—Sí.

—Oh, oh. —Va encreuar els braços i va continuar l'esbroncada.— Per què te'n vas hotel sense mi? Per a què jo? Equip, recordes?

—No et podia esperar, se n'anaven tots...

—Ja veus tu com ha anat ells.

—Ells? —vaig tenir un sobresalt—. Que has vist en Mahler?

Si en Milo havia arribat fins allà, era perquè en Mahler l'hi havia dit. I si en Mahler l'hi havia dit, significava que era viu. Es va fer la llum dins la meva desconcertada ment.

—Mahler?

—Periodista alemany.

—Sí —va assentir rotund—. Jo buscar a hotel, i preguntar, i periodista alemany diu que tu assetjat.

—Està bé?

—Ferit —va tocar-se el braç esquerre.

Me'n vaig alegrar per ell. Però quedava jo.

—Ens n'anem?

—Espera —em va fer un senyal.

—Hi ha molts problemes?

—Molts. Situació confusa. Franctiradors —va assenyalar cap amunt tot abastant els edificis dels voltants—. Tu com llangardaixos?

—Que si gatejo? És clar.

—Llangardaix.

Es va arrapar al terra i va sortir de la fondalada. No vaig perdre el temps. Vaig guardar cada càmera en una de les butxaques amb tancador aïllant de l'armilla i vaig seguir-lo reptant per la terra reblanida del parc. Una terra que al cap de pocs metres va convertir-se en paviment aniquilat. No vam anar en direcció al cotxe d'en Mahler, sinó en angle recte, uns noranta graus en relació amb aquest. Continuava fent l'efecte que el combat s'allunyava, però no ens en vam refiar. Bé, qui no se'n va refiar va ser en Milo. Potser vam avançar més de cent metres així, a poc a poc, esquivant muntanyes de ruïnes. Les meves mans van començar a acusar l'esforç.

La primera parada es va produir quan vam veure soldats no gaire lluny, mentre queien les primeres ombres de la nit. No vaig poder distingir de quin bàndol eren. En Milo, sí.

—Russos —va escopir.

—Podrem arribar a l'hotel?

—Jo arribo a tu. Jo porto a hotel. Tens llanterna o llumins?

—No.

—Bé —es va resignar—. Tu segueix a mi, d'acord?

—D'acord.

Es va aixecar i va travessar el carrer. No hi va haver cap tret. Suposo que esperava sentir d'un moment a l'altre l'espetec de la bala, i veure com en Milo es doblegava sobre si mateix i queia a terra. Encara em sentia al·lucinat. Fatiga de combat acabada d'estrenar. Però no hi va haver bala. El meu guia va arribar a l'altra vorera i jo vaig secundar-lo a tota velocitat. En Milo m'esperava en un portal, ens vam ficar a dins i vam baixar cap al subsòl. El forat obert no permetia veure-hi molt més enllà, però el meu company es va ficar a dins.

—Túnel —va ser el seu únic comentari.

Ens vam convertir en rates de claveguera. El més sorprenent era que en Milo coneixia allò com si fos a casa seva. Vam avançar per una espècie de camins sota terra, on la foscor tan sols es trencava de tant en tant per la lleu resplendor que es filtrava per alguna esquerda. De totes maneres, fins i tot el meu company va haver d'aturar-se un parell de vegades per a orientar-se. En una d'aquestes, em va deixar sol. Va dir-me: "Espera aquí", i se'n va anar. Va trigar un parell de minuts, però van ser suficients.

Ja no hi havia trons. O la batalla s'havia acabat o era lluny.

Vam acabar sortint a l'exterior per un forat obert en ple carrer. Vaig estar content de poder respirar aire fresc i sortir d'aquella claustrofòbica negror. Les ombres ja ho dominaven gairebé tot. En Milo va sospirar amb força.

—Hotel allà —va assenyalar en una direcció.

Jo també vaig deixar que els nervis fluïssin.

—Collons!

—Sí, tu exclama ara —va tornar a la càrrega en Milo.

—D'acord, te'n dec una.

—No deus res. Milo acomiada.

—Vinga, home.

Caminàvem ja en la direcció que havia assenyalat en Milo. A bon pas, sense refiar-nos gaire de les coses que ens envoltaven. El meu mocador blanc onejava dalt de la meva mà dreta, alçada tant com podia per damunt dels nostres caps. La guerra tornava a ser a l'altra banda del món.

—Paguen més si tu heroi? —va perforar-me amb els seus ulls de nen enfadat.

—No. Cobres més tu? —vaig provar de fer broma.

—Jo no heroi.

—Sí, sí que ho ets —vaig reconèixer—. Vas venir a buscar-me.

—Tu bon patró —va arronsar les espatlles.

Bon patró, sí. L'únic espanyol, de moment. I pagant més llogant motos que devien proporcionar-li una comissió o comprant menjar al mercat negre que no pas abonant-li un sou per la seva feina. Però en aquell moment m'era igual. Estava sa i estalvi gràcies a ell.

—Escolta...

—Xxxt —va posar-se una mà als llavis—. Millor silenci.

Vam fer la resta del camí així, sense parlar. Davant dels meus ulls va dibuixar-se per fi la silueta del Gatzok, talment com un oasi al desert. Em vaig alegrar de veure'l, gairebé tant com m'havia alegrat de veure en Milo. Hi tenia un sopar, una dutxa, un llit. Tot el que es podia comprar amb diners enmig d'una guerra.

Vaig preguntar-me on i com devia viure ell.

—Hotel —vaig sentir-li dir.

—Sí.

—Bones fotos avui?

—Sí, si més no.

—Bé. Milo content. Demà set?

—Per què no et quedes a...?

Havia arrencat a córrer en direcció contrària.

3

Era la primera vegada que parlava amb en Ferran Argilés des de la meva arribada a Sezerkanda, deu dies abans. Enviava les meves cròniques per correu electrònic i les fotos per escàner. Això quan hi havia subministrament elèctric, ja que des de l'intent d'ofensiva russa les condicions havien esdevingut cada vegada més precàries. Parlar per telèfon ja era una cosa molt diferent, un petit miracle. Tots els corresponsals fèiem servir mitjans que anaven des dels mòbils d'última generació d'alguns fins a petits equips de ràdio. El millor del cas era que ens ajudàvem els uns als altres. Allà no hi havia exclusives que valguessin. El setge rus sobre Sezerkanda no permetia cap alegria. Vivíem en una ratera.

Per això quan en Silvestre va dir-me que m'esperés, que el director volia deixar-me anar alguna cosa, em vaig encarcarar.

Respectava en Ferran Argilés. Una institució en el periodisme. Però no deixava de ser "el patró", com l'anomenava jo gairebé sempre, i em superava completament. Em fa l'efecte que ho sabia. Per això la nostra relació era una barreja de crits i afectes. Volia "aguerrir-me". I no hi ha res pitjor per a un periodista que el patró vulgui "aguerrir-te". En algunes coses jo encara em sentia força infantil. El dia que vaig arribar al diari em va dir que allà només hi havia tres maneres de fer les coses: la professional, la no professional, i la seva. I va afegir: "Saps quina és la bona?"

—Nèstor? —vaig sentir la seva veu com si el tingués al costat malgrat la distància—. Que em sents?

—Alt i clar.

—Hi ha trets?

Suposo que li hauria encantat sentir-los a través de l'auricular. Pur sadisme. Hauria cridat tota la redacció perquè els sentissin.

—Ara no, des que l'ofensiva es va aturar hi ha una mica de calma. Que no llegeix els meus articles?

—Com et va? —va passar per alt el meu escarni.

—Bé, ja veu les cròniques —vaig dir ara seriosament.

—Parlo de tu. Com et va a tu?

—Em vaig adaptant, encara que no és fàcil. Això és una guerra de les de debò. I sóc al rovell de l'ou.

—No fotis. —M'ho va dir com si jo fos un reporter d'esports que havia de cobrir la final de Copa i em queixés que l'hotel no era de cinc estrelles.— Tens cap problema?

—No, de moment no.

—En Silvestre em va dir que tenies una bona mainadera.

—Parla espanyol. És una meravella. Es diu Milo i coneix això molt bé.

—Llavors utilitza'l més, entesos?

—En quin sentit?

—Digue-li que necessitem material inèdit.

—Material inèdit? —em vaig estremir.

—El que has enviat fins ara és bo, de veritat. Et felicito. Ben redactat, amb tacte, sense fer-ne un gra massa. I les fotos... Però hi falta alguna cosa.

—Què hi falta? Per l'amor de Déu, què més vol?

—Ahir el *Washington Post* va publicar una entrevista amb el general Andronov, el cap de les tropes russes, i avui el *Herald* en publica una altra amb Shukik, el cap del Govern independentista a l'exili.

—Collons! —vaig enfadar-me—. El *Post* i el *Herald*! Genial!

—Què passa, que potser som menys pel fet de ser espanyols i més pobres o què?

—Vostè mateix ho ha dit: una entrevista amb un que és a l'exili i una altra amb el general rus que potser és a Moscou! Però aquí hi ha la guerra, i l'única cosa que veig jo són soldats de peu dinyant-la diàriament!

—Aconsegueix alguna cosa, una entrevista, i no amb les rates de les clavegueres. Vull el costat humà i directe d'aquesta gent, del bàndol que sigui. I et recordo que n'hi ha tres. El teu noi t'ajudarà si afluixes la mosca, però sense passar-te.

—És a dir, de franc.

—Res no s'aconsegueix de franc, ja ho sé. Et penses que em mamo el dit? Si aconsegueixes alguna cosa que valgui la pena, no pateixis, que no et faré cap objecció. Suposo que encara en tens, no?

—Naturalment, no caldria sinó.

—Digues al teu noi que si val lapena tindrà la seva propina i que... —va aturar-se—. A qui fa costat?

—És tudzbestà.

—Doncs digue-li que li faràs costat, i que és bo que en el món lliure coneguin tots els detalls de la seva odissea i la massacre que estan patint.

O tenia el cor de pedra o ho feia veure, perquè tots penséssim que era un tipus dur, ja que en aquest cas ho representava realment bé.

—El món lliure? —em van venir ganes de riure.

—Tu pensa sempre que nosaltres som els bons i ells els dolents, i quan dic ells em refereixo a tots els altres. És un consol de tots, però ajuda.

Calia que entrevistés algú. Aquest era el resum.

—D'acord, patró.

—De moment no t'han matat, així que endavant.

—És un consol.

—De debò, Nèstor. —El preferia enfadat. Quan feia servir el to paternal, aconseguia que em preocupés de veritat.— M'agrada el que fas, és bo, i tens audàcia. Es nota que t'hi fiques fins al fons. Les fotos d'abans-d'ahir eren esborronadores. Ens van fer posar els cabells de punta i han anat a la portada, satisfet? No volia dir-t'ho perquè no et pugessin els fums al cap. Però ara necessitem l'empenteta final. El salt qualitatiu. De manera que fes aquest salt, fill. D'acord?

—Demanaré feina al *Post* o al *Herald* —vaig sospirar.

—No te'n donaran, són uns estúpids.

—Els diré que puc ser la seva minoria hispana.

Això li va fer gràcia.

—Molt bo, Nèstor! Viatjar eixampla la ment, te n'adones? Ciao!

En Milo contemplava la ciutat, la seva ciutat, des de la finestra de la meva habitació. M'hauria agradat saber què pensava, en quins mars tempestuosos es movia quan, com en aquell instant, estava quiet i callat, observant un món hostil que li havia segrestat la vida. Però tota la seva expressivitat, la bona disposició, l'extraversió, es convertien en una càpsula tancada en el moment que deixava de parlar. Llavors n'hi havia prou de mirar-li els ulls.

Els ulls d'un nen perdut.

Acabàvem de fer una passada per la televisió, canal per canal, i havíem trobat una emissora més o menys pirata que emetia en tudzbestà. Vaig preguntar-me qui podia estar veient allò, si no era en altres ciutats del país. Parlaven de resistència, que l'ofensiva russa havia fracassat, que tot estava igual que abans, però ara, ells, tenien més moral i els russos menys. I van parlar de Svan Zuderian, el general de l'exèrcit tudzbestà, l'heroi nacional, la llegenda. En Milo em va comentar que per a ells era un déu, i que moririen per ell. Era l'home més venerat del país. El locutor, vestit de militar i armat, va recordar que temps enrere l'Afganistan havia estat la tomba del poder soviètic, el Vietnam rus, i que també a Txetxènia el poble que volia la independència havia demostrat el seu coratge resistint fins a l'última gota de sang, sense que els invasors haguessin aconseguit dominar tot el territori al cent per cent. Així doncs, el Tudzbestan seguia la mateixa línia. El Tudzbestan seria lliure i independent o no seria. De la minoria paramilitar musulmana ni se'n va parlar. No existien.

En Milo m'ho va anar traduint tot, paraula per paraula. Jo en prenia nota. Era impossible que aprengués res d'aquell argot. Allò escapava a la meva raó. Ja ni ho intentava. Quan va finalitzar l'emissió, es va escoltar l'himne nacional. En Milo va traduir-ne la lletra. Parlava de "temps d'honor i de glòria", deia que "gent orgullosa treballava per la pau i el progrés", corejaven "llibertat i amor entre tots els germans de sang".

No m'han agradat mai els himnes ni les banderes. Tots els himnes pertanyen a un temps passat en què la vida era molt diferent i el món era un aquarterament de sentiments nacionals. Més o menys com ara, però sense Internet ni globalització. El cas de les banderes és pitjor. Al meu entendre, l'única bandera possible és la de la dignitat humana. Durant vint segles l'ésser humà ha matat sempre per banderes i creences, i ha fragmentat el planeta en parcel·les de colors.

Vaig deixar de mortificar-me amb els meus pensaments culpables.

—Milo.

Va girar el cap i em va mirar amb els seus immensos ulls. Semblava com si els ulls d'en Milo sempre esperessin alguna cosa. Va corbar els llavis cap amunt.

—Sí?

—Coneixes la ciutat, oi?

—És clar. Tu saps.

—Hi ha molta gent sota el terra?

—Molta.

—Russos?

—Russos no. No s'atreveixen.

—Els teus?

—Sí.

—Saps on són els teus?

—Sí —va repetir.

—Em refereixo als soldats, no pas a la teva família o els habitants de Sezerkanda.

—Sí sé.

—Necessito una entrevista.

—Qui entrevista tu?

—Un dels caps de la resistència, un líder, algú gros.

—Gros? —va posar-se les mans als costats i va inflar el pit i les galtes.

—No, no gros d'aquests. Algú important.

Va deixar de somriure i va seure a terra, a la gatzoneta. Va moure el cap d'un costat a l'altre i em va clavar una d'aquelles mirades peculiars, molt de les seves. La mirada del pare que ensopega amb una barrabassada del fill.

—Tu boig —va fer-me saber.

—No, no estic boig. Sóc periodista. Aquí fora, al món, volen saber què passa, i que ho expliqueu vosaltres, no pas nosaltres des de la nostra òptica occidental.

A vegades oblidava que es tractava d'un nen i que el seu espanyol era precari. Es va perdre a la part final de la meva al·locució.

—No entenc.

—Vull que algú expliqui què penseu i què està passant aquí. En altres països surten entrevistes amb generals russos o amb exiliats. Busca'm un líder tudzbestà i digue-l'hi.

—Perillós.

—Puc pagar.

—Diners?

—Sí.

La paraula màgica el va fer reflexionar.

—Molts diners?

—Fins a cert punt. Intenta-ho. Els diners també són necessaris. Tal com estan els preus al maleït mercat negre...

—Tot car, sí.

—Digue-l'hi.

—Diré —va assentir amb el cap.

—Gràcies, Milo.

—Però molt perill —va tornar amb el tretze són tretze—. Agafa exèrcit rus i no val *PRESS*. No val res. Ells... —Es va passar un dit pel coll i va treure la llengua per un costat.

Em vaig estremir.

—Amb tu no em pot passar res, te'n recordes? —vaig provar de fer broma.

—Ja —va dir en Milo—. Però tu boig. Tu gran boig. Jo amic de boig. Oh! —Es va posar les mans al cap i es va deixar anar cap enrere, fins que va quedar estirat a terra, de panxa enlaire.

Em van venir ganes de saltar-li al damunt i fer-li pessigolles.

Tots els meus amics de la infància tenien germans, i saltaven damunt seu i els feien pessigolles, o bé se les feien a ells mateixos si eren més petits.

Em vaig quedar on era.

Veient en Milo mentre repetia una vegada i una altra:

—Oh, oh, oh...!

El crit d'en Ferran Argilés es va poder sentir a Sezerkanda sense haver d'agafar el telèfon.

—Dos mil dòlars?

—Dos mil dòlars —vaig confirmar-li jo.

Va tornar a cridar, encara més fort.

—Dos mil dòlars!

—És el que hi ha —vaig voler acabar com més aviat millor aquell gairebé monòleg per a pallussos—. El contacte està fet, hi estan d'acord, però exigeixen diners bitllo-bitllo perquè estan escurats. Es troben en una situació compromesa. Qualsevol cosa que els arribi del cel és un mannà.

—Que volen comprar un tanc o què?

—Un tanc val més de dos mil dòlars, patró.

—Ja ho sé, collons!

Vaig començar a prendre-m'ho malament.

—Em va dir que els diners no importaven, que volia entrevistes. Doncs bé, he aconseguit l'entrevista i val dos mil dòlars. Tot el que em pugui dir, ja l'hi vaig dir jo a en Milo.

—Però aquests cabrons lluiten per la independència o bé per fer-se rics? —va continuar insistint ell.

—Si fóssim americans estaríem parlant de cinc mil, com a mínim. En Milo em va dir...

—En Milo, en Milo, en Milo! Tu i el teu Milo!

—Ha fet una bona feina —vaig recordar-li—. Aquesta criatura val més or que no pesa.

—I qui dius que és?

—Karibian Urszende.

—Com si es diu Pepet! Què fa?

—És l'home fort de la resistència a Sezerkanda. Els seus homes estan suportant tot el pes dels atacs russos. Evitant que caigui la capital, les tropes de les muntanyes tenen més temps per a reorganitzar-se i aconseguir armes.

—Contestarà totes les preguntes?

—Això m'ha dit en Milo. És la primera vegada que accepta una entrevista. Ara mateix és el paio més buscat pels russos.

—Fotos?

—Sí, però sense ensenyar la cara. Només els ulls.

—Què?

—És una de les condicions.

—Per què?

—És una garantia. Els russos no saben quin aspecte té, i vol seguir així.

—La mare que els va parir —va remugar en Ferran Argilés.

—Crec que val la pena.

—Com és que el teu Milo coneix tot aquest embull?

—Fa uns quants dies em va dir que si no estigués amb mi, probablement estaria lluitant, i que preferia estar amb mi. Aquesta criatura és una rata, es mou pertot arreu, té ulls i orelles.

—Ja, però dos mil dòlars... Com si volguéssim comprar tot el país!

—Sap que no és car —em vaig atrevir a dir-li el que pensava.

—Com que no són teus!

—Per descomptat.

—Escolta, darrerament no tens pèls a la llengua, eh?

No sé per què, però no m'imaginava el director del diari d'en Gustav Mahler parlant-li així. Ni els directors del *Post*, el *Herald*, el *Times* o tots els altres quan s'adreçaven als seus reporters. Em vaig sentir trist. Per molt que en Ferran Argilés fos una llegenda i un tot terreny i un tipus eficaç.

—He de penjar —vaig prevenir-li.

—Envia-la així que la tinguis, d'acord? Cagant llets. No fos cas que també l'hagi venut a uns altres.

—Entesos. —Vaig decidir ser encara més punxant.— Li demano que em signi un rebut?

—Doncs si pots... no estaria de més. Ja saps com és la Marta.

Vaig penjar mig fastiguejat mig irònic. No sabia si plorar o riure. Un rebut. El diari podia ser important, però els qui hi treballaven eren formiguetes i res més. Un sou, les vacances, els augments, la pensió... Vides estretes per a ments estretes. Ningú no posaria mai els peus en un Tudzbestan per informar-ne. Probablement ni llegien les meves cròniques. Vaig optar per no fer-me mala sang i preparar el meu gran moment. Aquella entrevista em podia obrir la porta a una nova dimensió.

Al vestíbul del Gatzok vaig topar de cara amb en Mahler. Encara duia el braç esquerre embenat. El seu bon humor es mantenia a prova de bombes o ferides de guerra. A l'esquena en tenia una de molt pitjor.

—Nèstor!

—Hola, Mahler, com et trobes? —vaig assenyalar el seu braç.

—Cap problema. Puc fer fotos tranquil·lament.

I per demostrar-m'ho es va posar la càmera als ulls i va disparar-me una instantània abans que jo reaccionés. Ràpid.

—Ahir vas anar als afores? —vaig preguntar.

—No. La Jivara em va portar a conèixer la seva mare. Era l'aniversari de la dona.

—On és?

—Malalta. —Se li va entristir la cara.— Aquesta noia...

—Cap problema?

—Tots. —Em va passar el braç sa per damunt de les espatlles i em va empènyer cap al que quedava del bar.— Tens sort que el teu sigui un home. Les dones ho passen pitjor. Ja l'has vista, la Jivara.

L'havia vista, mitja dotzena de vegades, amb ell. Tal com em va dir la primera vegada, podia tenir vint-i-dos anys, però era molt lletja, molt, i estava prima com un escuradents. A Espanya l'haurien tancada en un hospital amb el diagnòstic d'anorèxia. Allà es podia tractar de qualsevol cosa. Tenia caràcter, ulls de foc, però una debilitat que li aflorava per cada porus de la pell fins a esgotar-te si parlaves amb ella més de deu minuts. La seva simpatia vorejava la llangor.

I en Mahler convivia amb ella diàriament.

—Què li passa?

—Fa un any que no li ve la regla, li fa mal l'estómac una cosa de no dir, té problemes de ronyons, de fetge... Cada vegada està pitjor, pobra noia.

—Em sap greu.

—Però és valenta, saps? No sé què faria sense ella. L'altre dia em vaig trobar amb un grup de paramilitars musulmans i feien cara de pocs amics. S'hi va enfrontar, i els va fer creure que ella era dels seus. I amb arguments. Els va dir que jo representava els ulls i la veu del poble tudzbestà, ortodox o musulmà, que això era igual. En arribar a l'hotel se'm va desmaiar, però abans... I el teu Milo?

—És llest.

—Allò que va fer per tu aquell dia...

—Ja ho sé.

—Vinga. —Va acabar d'empènyer-me fins a la barra buida.— Prenguem-nos una cervesa per aprofitar aquests dies de pau! I brindarem per la pròxima guerra!

—La pròxima guerra?

—Sempre que hi hagi una altra guerra, i hi siguem, voldrà dir que hem sobreviscut a l'anterior, *umfassen*?

—*Gut* —vaig respondre de manera intuïtiva, amb el meu pèssim alemany, fent servir una de les cinc paraules que havia après arran de les seves lliçons.

Em van despertar els cops a la porta.

Tot just una estona abans, havia obert un ull, i després d'haver comprovat que encara em quedaven quinze minuts de llit, el cas estrany era que m'hagués tornat a adormir. Tota la nit igual. Un mig son nerviós i sincopat. I em trobava en el meu millor son, el més profund. De manera que els cops em van fer tornar a la realitat, perquè ja n'era l'hora i es feia de dia a l'altra banda de la finestra de la meva habitació.

—Sí? —vaig protestar.

—Milo.

Em vaig llevar i vaig obrir el passador. El posava cada nit després que a la tercera o la quarta en Mahler i els altres m'haguessin ficat a dins una noia nua. Jo era el passerell. Els anglesos em deien *cheese*, formatge; els francesos *virgin*, verge; i els italians *burro*, mantega, la qual cosa era pitjor, perquè sentir-me dir burro... Però eren bons paios. Allà calia fer alguna cosa per a no tornar-se boig. Hi havia ja un parell d'espanyols més, però eren amics i sempre anaven a la seva. No hi comptava. Ni ells amb mi.

Amb la porta oberta, en Milo va entrar tan somrient com sempre. O no dormia, o ho feia de pressa i bé. El més curiós era la seva puntualitat. No duia rellotge. I no n'hi havia cap de visible enlloc. I si l'hi preguntava em deia sempre el mateix: "Milo sap."

En Milo ho sabia tot.

—No trigaré gaire —vaig badallar.

Va seure a la taula i va fer allò que havia fet moltes altres vegades: obrir el meu ordinador. Era llest i aprenia de pressa. Hi tenia incorporat un joc, el més elemental, el solitari, i s'hi entretenia. Cada vegada que en completava un feia un petit bot i deia en veu alta el marcador: partides guanyades, partides perdudes. Jo vaig ficar-me al bany per dutxar-me i eixorivir-me.

Vaig haver d'eixorivir-me sol, perquè no hi havia aigua.

—Me cagun...!

—Què passa tu? —vaig sentir-li la veu.

Li deia que no tenia aigua per a rentar-me? Déu meu...

—Res, res, que he estat a punt de caure.

—No trenquis cap avui.

—Ni avui ni demà.

Vaig fer el que vaig poder amb l'ampolla d'aigua que feia servir per a beure. Si més no, per a mullar-me les aixelles i afaitar-me. Amb fulla. Les maquinetes d'afaitar tenen problemes en països conflictius, canvis de voltatge, necessitat d'emportar-se el carregador... Massa inconvenients. Ningú no s'afaitava cada dia, la majoria dúiem barba, però volia estar presentable. Qüestió de dignitat.

Vaig sortir al cap de cinc minuts amb un trosset de paper higiènic a la barbeta.

—Tall —va dir en Milo.

—Ja.

—Moment.

Va acabar la partida mentre jo agafava l'equip, les càmeres, els rodets, els objectius. Li va sortir bé, va completar-ho, perquè vaig sentir que cantava:

—Sí! Nou disset!

Nou de guanyades. Disset de perdudes. No estava malament.

—Llest.

Va apagar l'ordinador i el va tancar. Es va posar dret i va estudiar el meu aspecte.

—No gravadora —em va recordar.

—Que no, pesat. Prendré notes.

—Veu també és cosa que identifica.

—Som-hi...

Vam baixar al *lobby* de l'hotel. Érem els primers. Vaig prendre una tassa de cafè, una mica de cansalada viada gairebé seca i unes torrades. Va ser l'única cosa que em vaig poder empassar. En Milo, en canvi, va esmorzar per a tres dies. M'encantava veure'l menjar. Vaig deixar la clau a recepció i vam anar a buscar la moto amb el sidecar. Ja la dominava, i el cert és que no estava gens malament. També n'havia aconseguit una per a en Mahler, més grossa però apropiada. Quan vam sortir al carrer em vaig sentir... no sé com dir-ho. Important? Especial? Estava a punt d'entrevistar un dels peixos grossos d'aquella guerra. Això marcava un punt d'inflexió en la meva curta carrera professional.

Vaig descobrir que no, que el que realment estava era nerviós.

El fet d'estar sota foc real, i veure com la gent es mata, amb bombes que cauen a prop i amb tota la por del món al forat de l'anus i la boca de l'estómac, és una cosa; però ficar-se a la gola del llop, a cegues, per entrevistar un d'aquells senyors de la guerra...

Tot i que ningú no em donaria mai cap medalla, i encara menys en Ferran Argilés, jo em sentia com un heroi. Almenys això.

En Milo ho havia dit una vegada i una altra el dia anterior, després d'haver-me confirmat l'entrevista:

—Tranquil, tu. Jo amb tu tota estona.

Tranquil. Un nen de dotze anys estaria amb mi tota l'estona.

Estava salvat.

—Són de confiança? —havia preguntat.

I la resposta d'en Milo havia estat:

—Nosaltres fem guerra amb honor.

Vam pujar a la moto i vam enfilar el carrer frontal. Una vegada més, com sempre, el meu company va guiar-me per l'enrevessat laberint de carrers sense rètols ni noms visibles. No va ser un trajecte gaire llarg. Va dir que m'aturés i que introduís la moto dins el buit d'una botiga. Llavors va seure a terra, a la gatzoneta, amb la qual cosa em donava a entendre que havíem d'esperar.

—Què...

—Xxxt! —va posar-se l'índex de la mà dreta als llavis.

Vaig callar.

I vaig continuar pensant.

I si em retenien? I si tot era un muntatge per a cridar l'atenció del món? No, quina bestiesa. Cridar l'atenció? La guerra ja era prou cridanera. A més, si volien segrestar algú, per a això sí que tenien molta més bona disposició els americans. Abans deien "Sóc americà" i feien que tothom es cagués de por. Ara deien "Sóc americà" i eren els primers a endur-se el tret. De manera que ja no gallejaven tant.

—Déu meu... —vaig sospirar.

Van passar quinze minuts.

Quinze minuts de silenci, d'immobilitat, d'espera.

I va aparèixer ell.

Alt, vestit de paisà, pell fosca, bigoti frondós, ulls enfonsats, rostre greu. Va mirar en Milo i després a mi. Tot plegat molt de pressa. En Milo ja estava dret. No hi va haver presentacions. L'home va observar la moto mentre es treia de la butxaca un mocador negre.

—Ulls tapats —va dir el meu intèrpret.

—Però...

L'home em va posar el mocador als ulls i me'l va lligar per darrere. Amb força. Va dir alguna cosa a en Milo.

—Que no caigui —va traduir-m'ho ell—. Dolent per a tu si cau.

—Genial.

Em van acomodar al sidecar. Vaig imaginar que aquell tipus conduiria la moto i que en Milo aniria al darrere, de paquet. Va engegar-la i vam sortir fora. No vaig jugar a memoritzar detalls, perquè no hi havia res per a memoritzar. El trajecte potser va durar uns deu minuts o més. Vaig perdre la noció del temps. Però vam donar moltes voltes, girant sense parar a dreta i esquerra. Finalment es va aturar i em van ajudar a sortir del sidecar. Però res de treure'm el mocador. Amb un a cada banda, vam baixar per entremig d'unes ruïnes i de sobte vaig notar que la llum del dia ja no ens acompanyava.

Aquest va ser el moment indicat perquè em traguessin el mocador.

—Bé?

—Sí, Milo. Bé.

Vam caminar dos o tres minuts més. Les clavegueres eren un món a part. Vam arribar a una ramificació que ens va conduir a un petit espai obert allà baix. Un espai força poblat, per cert.

Vaig comptar-hi nou persones.

I al bell mig, ell: Karibian Urszende.

Cobert de cap a peus, amb un mocador tan fosc com la resta embolicant-li la cara completament, excepte els ulls, i un rifle a la mà dreta, revestit de solemnitat i silenci.

Em vaig sentir molt poca cosa.

I més en escoltar la seva veu, densa, greu.

—*¿Niezuvris me anakshvasha niege, Milo*? [1]

1 —Segur que no sospita res, Milo?

—*Gasaiara guzenakia, to. Lereiz kau tushenoya gu anakuazhe meipi. Aunvei misha pra mei.*[2]

Em vaig empassar la saliva.

—Què diu? —vaig preguntar a en Milo.

—Diu que fas cara de persona honrada, que està content d'haver-te concedit l'entrevista a tu.

No sabia què fer, si seure o bé quedar-me dret. Havia pagat dos mil dòlars per allò. Bé, el diari, però no em sentia com si manés. Allà manaven ells. A la claror de dos petits llums de querosè, tot em semblava irreal, fosc, carregat de significats. Els vuit adlàters quiets i en guàrdia. L'home fort de la resistència tudzbestana assegut i esperant. Tots estaven pendents d'en Milo. De fet, vaig comprendre que el director era ell.

—Seu —va assenyalar amb el dit una pedra d'unes proporcions considerables.

Ho vaig agrair. Els genolls em tremolaven d'allò més. Vaig tenir por que se n'adonessin.

—*U kaydo shevertaia?* [3] —va tornar a parlar Karibian Urszende.

—*Da* [4] —va dir en Milo.

—*Pra unbujara niet dovroba?* [5]

—*Unguako bronietztska ma shasuney akaer ma, to* [6]

2 —Tranquil, avi. És massa bona persona per a imaginar-se que això és un engany. Tu confia en mi.

3 —L'aprecies?

4 —Sí.

5 —Llavors, per què l'enganyes?

6 —Perquè ell vol això, i nosaltres necessitem els seus diners. Tots contents, avi.

—va tornar a dir en Milo. I va traduir-ho adreçant-se a mi:— Diu que molt perill amb això per a ell, però que confia en tu.

En mi i en dos mil fastigosos dòlars, vaig pensar jo, tot i que em vaig abstenir de dir-ho. Aquell home infonia respecte. I també alguna cosa més. Podria dir que era pau, solemnitat. Un misteri per a Occident que s'obriria gràcies a mi.

—Primer m'agradaria fer les fotos.

En Milo l'hi va traduir i el líder de la resistència a Sezerkanda va assentir amb el cap. Vaig treure les càmeres i vaig començar la meva feina, que de fet va ser ràpida i senzilla. Karibian Urszende no es va moure gens ni mica. Quan vaig voler fer plans curts dels seus soldats, aquests s'hi van oposar del tot. No els va agradar. Un em va apuntar amb la seva arma i em va dissuadir de ferho a l'instant. Em vaig limitar a fer-los sortir als costats, com a part de l'ambientació. Malgrat això vaig disparar un rodet sencer, amb uns quants primers plans dels ulls de l'home. Ulls de vell, ulls carregats d'una vida oculta al seu interior. Però sabia que sota aquella pàtina, s'amagava el més temible: el soldat, potser l'heroi, tal vegada el màrtir. O potser res. Una mort fosca i un món indiferent. Els seus soldats eren molt diferents entre si, una mostra del que lluitava al país. Tots m'observaven amb rostre enigmàtic. Cap somriure per part de ningú. Un d'ells estava pendent del seu cap. Un altre mirava a vegades en Milo, que esperava que jo acabés la feina.

Va tornar a parlar amb Karibian Urszende.

Però no em va traduir res del que es deien i jo no l'hi vaig preguntar.

Quan vaig acabar les fotografies, vaig tornar a la pedra i em vaig guardar les càmeres. Vaig treure una llibreta vella i arrugada per a prendre notes. Hi tenia les preguntes escrites des que en Milo em va dir que tot estava arreglat. Era l'inici. Per primera vegada feia una entrevista diferent. Res d'un famós d'estar per casa o un regidor de l'ajuntament parlant del seu departament o del projecte d'un edifici singular. En certa manera vaig saber que havia estat esperant aquell moment, i vaig agrair a en Ferran Argilés que m'hagués demanat "alguna cosa més", entrevistes, acció.

—Quan vulguis.

El meu intèrpret va mirar l'home. El silenci ens va acompanyar per darrera vegada.

—Pregunta —va invitar-me en Milo.

—Per començar, m'agradaria que em parlés del sentit de la seva lluita.

—*Koniet und, to. Udrusha ta ungthok anivaia.*[7]

En començar a parlar, la veu de Karibian Urszende es va revestir d'amargor. Extreia les paraules del fons del seu ésser. Començava a remoure la seva ànima de lluitador, de rebel enfrontat al cataclisme i la fatalitat. Però, de sobte, no el vaig veure com un general manant les seves tropes, sinó com un simple home disposat a mos-

7 —Digues qualsevol cosa, avi. El que tu vulguis.

trar-se com a tal. El destí l'havia posat allà, no pas la seva voluntat. I crec que en aquell moment vaig comprendre el que tots ja sabien: que no guanyarien. Que no podien guanyar. Un petit país enfrontat a la totpoderosa Rússia, encara que estigués en crisi. La veu d'aquell home m'ho confirmava. Una veu tan estranyament trista.

No, jo no era un periodista fred i dur. Mai com fins llavors vaig adonar-me del que sóc, un sentimental romàntic.

—*Kahsn viet nobaragoya. Anushka sa voluka nosa angieth.*[8]

—*Nobaragoya ankeul shzebraya na go. Anuek, uravreia a sa, to.*[9]

—*A nays*? —Karibian Urszende va assenyalar els seus homes.— *Nuk vroboda shek angayak*?[10]

—*Nog. Euzdje va brakinda.*[11]

Esperava que en Milo m'ho traduís. Per fi se'm va adreçar.

—Diu que aquesta no és guerra nord-sud ni guerra religió. Diu que és guerra política. Rússia por frontera sud països musulmans. Tudzbestan garantia. Distància —va fer un gest amb les mans—. Primer va ser així. Ara guerra passa a àmbit econòmic. Tot diners. Petroli. Occident és tan culpable com Rússia. Tancar mirada.

8 —Si la teva mare et veiés. A això ens ha conduït la guerra.

9 — La mare veuria bé que sobrevisquéssim. Vinga, segueix parlant, avi.

10 —I ells? No vols que diguin res?

11 —No. Figura que tu ets el líder.

—*Krain sdrube anayu dradtezua?*[12] —em va semblar que preguntava el líder rebel.

—*Ansay tudzbre na got. Ansay unej she dronashanka. Ezude, galjag dro va.*[13]

—*Vaj dro va?*[14]

—*Bredezkaya galuga vrojobrag na got, nei dietsje? Pra nasjde drobrevinka ne lizaskaya sa uka le ma viet no vayka sushedreva.*[15]

—*Na, da. Vrashe na gonadra?*[16]

Em vaig moure inquiet.

—Tradueix, Milo —vaig demanar-li—. No vull perdre cap matís. Procura anar traduint paraula per paraula. Això és important, m'entens? He de donar el sentit exacte del que em diu.

—Oh, sí. Perdona tu. Karibian diu que poble tudzbestà mor. Mort ja fa anys. Però ara viu perquè aquí petroli. Petroli ressuscita memòria americans i europeus. Ell acusa món d'indiferència. Ell diu: "Vosaltres mateu igual que russos." Consciència tacada. —Va adreçar-se al líder independentista.— Ezude to, naiak vradu tdazbetka.[17]

I Karibian Urszende va tornar a parlar, extraient cada paraula del fons del cor i del cervell. El guerriller convertit en home.

12 —I què li expliques de les meves paraules?

13 —El que vol sentir. El que el seu món necessita. Vinga, segueix explicant coses.

14 —Quines coses?

15 —Aquell conte que recitaves quan era petit, te'n recordes? El del núvol que plorava al cel en veure el que feien els homes a la Terra.

16 —Ah, sí. Encara te'n recordes?

17 —Vinga, avi. Explica el conte.

—*Naj kradrova shduskaia vot nugerjd...*[18]

—Ja han mort més de mig milió de persones... —va traduir paraula per paraula en Milo mentre jo ho anotava a tota velocitat.

Vam fer el viatge de tornada en les mateixes condicions. Ulls embenats, l'home que ens havia anat a buscar conduint la moto amb en Milo de paquet i jo al sidecar. En silenci. Crec que ara vam trigar menys, tot i que encara no podia calcular el temps. Al cap de moltes voltes, la moto es va aturar i em vaig poder treure el mocador.

Tornàvem a ser al punt de partida.

El guerriller ni tan sols va acomiadar-se. Es va esvair com una ombra en l'aire. Llavors vaig descobrir que el cor em bategava a tot drap. No me n'havia adonat. Feia dues hores que bategava així.

Tenia una gran entrevista.

A fer punyetes els dos mil dòlars. Tenia una grandiosa entrevista.

Vaig abraçar en Milo al mateix temps que deixava anar tota la meva adrenalina.

—Bé! —vaig copejar-li l'esquena.

—Tu content, sí?

—Molt, tio!

---

18 —Una vegada hi havia un núvol al cel...

—Tio? Jo no tio.

—És una manera que tenim de parlar a Espanya quan hi ha confiança. Tio és... camarada, col·lega...

—Col·lega?

—Gairebé germà.

—Tu i jo gairebé germans? —va obrir els ulls en Milo.

—Sí, home, sí. Equip, te'n recordes?

—Ah, sí. Tu i jo bo equip. Entrevista bé?

—Aquell home... —Vaig omplir-me els pulmons d'aquell aire enrarit per la guerra.— No m'ha semblat un general, saps?, sinó un simple ésser humà atrapat pel destí. Quan parlava... era com si explorés tot el seu ésser. —Vaig mirar en Milo i vaig veure que feia cara de no comprendre res. Vaig passar-li un braç per damunt de les espatlles.— Ja sé que no m'entens, però és que em sento... excitat. Uau!

—Uau! —va repetir en Milo traient les dents a prendre el sol com acostumava a fer quan eixamplava el somriure d'orella a orella.

—No parlava de morir —vaig continuar jo—, sinó de viure. No cridava com un fanàtic amb els ulls injectats de sang. S'expressava com... no ho sé, algú ple de dolor i sentiments davant la transformació que ha sofert el seu país. M'ha impressionat. I així ho escriuré. Des del cor.

—Tu boig —va assentir en Milo.

—Suposo que sí —vaig reconèixer—. Què et deia al final, quan ja havíem acabat l'entrevista i ens n'anàvem?

—Volia jo combatés. Diu tinc edat.

—No!

—Per què no?

—Per l'amor de Déu, ets un criatura!

—Soldats meva edat a tot Sezerkanda, a tot Tudzbestan. Ja no hi ha soldats vint o trenta anys. Morts.

—Què li has dit?

—Dit jo millor amb tu. Necessitar-me tu.

—I què ha contestat?

—Dit sí. Tu ets ara veu nostra a país teu. I ulls. Fotos molt bones. Ell sap que amb tu jo lluito més millor.

—I és veritat.

—Marxem? Això no bo —va abastar els voltants.

—Oh, sí. —M'havia oblidat de l'entorn.

Vaig pujar a la moto i ell va ocupar el sidecar. Va tornar a guiar-me pel laberint informe de carrers que a mi, encara que hi passava gairebé cada dia, em costava reconèixer. Com sempre, la castigada mola del Gatzok, el més semblant a una casa que jo pogués imaginar allà, va reconfortar-me amb la seva imatge apareguda de sobte, darrere d'una cantonada i un edifici en ruïnes. Qualsevol dia el bombardejarien durant un atac i hauríem de sortir per cames, si és que no ens queia la bomba al damunt directament. Però mentre no arribava aquest dia, aquella illa em preservava de qualsevol mal.

Vaig aturar la moto i vam baixar-ne. En Milo no em volia portar mai a casa seva, o on fos que visqués. No em demanava mai si podia baixar abans. Sempre em deixava a l'hotel, sa i estalvi. La paraula "mainadera" tenia molt més sentit amb ell que no pas d'altres com "pigall" o simplement "intèrpret". Jo estava segur que no tenia casa.

De fet, era encara un misteri per a mi.

Quan li preguntava coses personals em responia:

—No val pena explicar. Milo no importa —i arronsava les espatlles.

Milo no importa.

Vaig ficar-me la mà a la butxaca, vaig treure la cartera i li vaig donar vint dòlars.

—Propina? —li van brillar els ulls.

—Propina.

—Oh, bé. —Se'ls va guardar a la butxaca dels pantalons.— Exclusiva molts diners tu.

—Jo tinc un sou, tant és el que faci.

—Entenc —va dir, encara que no vaig estar gaire segur que fos així.

—Avui has treballat bé. Et felicito. Parlaves amb aquell home com si el coneguessis de sempre.

—Jo no coneixia. Jo contacte —va posar-se seriós.

—Ja ho sé, ja ho sé. Vull dir que tens molt aplom, molta... —No vaig saber ni com expressar-ho.— És possible que tinguis dotze anys, però ets tot un tio.

—Milo sap.

—No cal dir-ho —em vaig posar a riure.

—Aquesta nit celebrem, sí?

—Com ho celebrarem? —Les possibilitats de fer alguna cosa eren molt escasses.

—Sorpresa —em va fer l'ullet.

—Quina mena de sorpresa?

—Ah, ah. Tu veus.

—Espera, espera, que les teves sorpreses...

—Aquesta bona. Confia Milo.

—Doncs avui no podré —vaig lamentar-ho—. He de passar l'entrevista en net, enviar-la al diari... M'estimo més no arriscar-me.

—No importa. Temps. Demà?

Temps.

Tot el temps del món.

Amb el permís dels russos, la guerrilla paramilitar musulmana, i els mateixos tudzbestans.

—D'acord, demà —vaig concedir-li.

—Sorpresa gran —va tornar a mostrar-me la seva poderosa dentadura.

—No sé si posar-me a tremolar.

—Tremolar després! —Ara va ser ell qui va esclafir una rialla.

I tot seguit se'n va anar a corre-cuita.

L'endemà, totes les vegades que vaig preguntar a en Milo quina era la sorpresa que m'havia preparat per a la nit, vaig obtenir sempre la mateixa resposta:

—Sorpresa és sorpresa. Si dic, no sorpresa.

—Bé, la sorpresa seria ara i no després.

—Ah, no val.

Va ser un matí plàcid. Les armes tornaven a callar. L'ofensiva russa havia estat més aviat un tempteig, un cop d'efecte. Una espècie de joc del gat i la rata per calibrar la resistència tudzbestana a Sezerkanda i, de passada, debilitar-la. Els russos havien enviat un parell de legions a l'escorxador. Res més. El general Zuderian els havia aturat. El gran heroi nacional seguia sent el cor de la nació.

Els combatents tudzbestans estaven a les acaballes, però els soldats russos tenien una característica comuna: la seva joventut. Nois sense passat i amb menys futur, reclutats a les estepes i a les ciutats. Els feien anar a lluitar, sense que realment els importés res.

Bé, els qui fan les guerres sempre han parlat de "víctimes raonables" per a aconseguir els seus propòsits. Un turó? Un miler de baixes. Un poble? Cinc mil baixes. Una ciutat? Vint mil baixes. Tota la guerra? Un milió de morts. Sempre havia estat igual. La pel·lícula de Kubrick, *Camins de glòria*, seguia present al meu cap. La diferència estava en el fet que ara jo n'era testimoni, no em trobava en un cinema. El cinisme sortia dels despatxos i les reunions i les meses per la pau convertit en patrioterisme barat i missatges edulcorats. Els morts de cada dia eren un simple peatge. Les guerres continuaven sent el gran negoci de la pau. Armes, mercat negre, genocidis consentits per a "equilibrar" tal zona o tal país... I el preu era barat: carn humana.

Quan s'acabés la guerra caldria reconstruir Sezerkanda, i la resta del Tudzbestan, i els mateixos països que s'havien fet rics donarien préstecs perquè la roda continués girant.

Per què ho explicava jo, això?

Ah, sí! Deia que va ser un matí plàcid. El meu reportatge del dia anterior havia de ser tema de portada al diari, de manera que a Espanya molta gent devia estar llegint en aquells moments les meves paraules. Tenia rampells de nerviosisme. En Milo i jo vam recórrer una àmplia zona amb un sol objectiu: la guerrilla paramilitar musulmana. Eren els únics que encara no havien aparegut seriosament en escena, excepte d'esquitllentes en sengles topades. Tot i que en Milo se la jugava si prescindien del fet que era periodista per extensió.

Vam tornar a l'hotel a mitja tarda. Vam pujar a l'habitació i em vaig rentar. En Milo també ho va fer. Li agradava molt dutxar-se. I encara més ensabonar-se, tot i que després em deia:

—Faig olor com noia.

—El sabó no fa olor de noi ni de noia, només és sabó.

La meva explicació no el convencia. Reia i res més.

M'encantava veure'l riure.

Va tornar a posar-se la mateixa roba. Jo, una muda neta. No volia fer servir cap camisa meva. Deia que només es podia utilitzar la roba dels morts. A cadascú el que és seu. Les seves normes eren força peculiars, però les respectava. Quan em vaig posar l'armilla amb l'equip, em va advertir:

—No cal portis càmeres.

—Sempre cal portar les càmeres.

Vam sortir cap a les sis amb la moto en direcció a la sorpresa. En Milo seguia protegint el seu secret. No vam haver d'anar gaire lluny. Com si la prova que la treva bèl·lica anava de debò, vam veure més gent pel carrer que altres vegades, tot i que sempre em semblessin els mateixos rostres desesperats. Alguns nens se m'acostaven, i en Milo els espantava amb gestos i paraules. Si donaves una moneda a un, t'envoltaven vint criatures més, de manera que era millor no donar res a ningú. I no parlem del tabac. M'havia gastat ja una veritable fortuna en cartrons.

Si més no, la majoria d'ells no tindrien temps de morir víctimes d'un càncer.

—Aquí —va fer-me aturar el meu guia.

Vaig aturar la moto davant d'una casa i vam entrar-la a dins. Tot i que els murs estaven esquerdats, encara s'aguantava dreta. El meu acompanyant ja tenia preparat un plàstic de color brut i molt trencat per a tapar-la, a fi de protegir-la de possibles mirades. Un cop fet això vam entrar en un vestíbul, aprofitant la darrera claror del dia, i ens vam aturar davant d'una porta ubicada al fons. En Milo va obrir-la. A l'altra banda vaig veure una habitació sense finestres, il·luminada per una espelma de fabricació casolana. Al centre i com a únic mobiliari, una taula, un tamboret i dues cadires de diversa procedència. Damunt la taula, una tetera fumejant i només dos gots, així com una mica de carn en forma de la característica broqueta, arròs d'acompanyament i massa de pa. Gairebé un banquet fora de l'hotel.

Hi havia alguna cosa més.

Ella.

Em vaig quedar una mica parat en veure-la, ja que no m'esperava una cosa així. Il·luminada per l'espelma semblava encara més jove del que ja era. Vaig calcular-li uns quinze o setze anys, tot i que igualment en podia tenir disset o divuit. Més, ja no. Vestia un bonic però deslluït vestit de color groc, amb farbalans a baix i a les mànigues, que realçava el seu cos acabat d'explotar, pits molt petits, cintura esvelta, cames llargues. La primor esdevenia més viva i present al rostre, amb els pòmuls sortints i angulosos, la barbeta en forma de bec, el nas curt i aplanat, i els ulls profunds, no pas a causa de la seva bellesa sinó més aviat de la necessitat. Els cabells els tenia llargs, i li queien a banda i banda del cap tot fregant-li les espatlles. No era guapa, però tampoc no era lletja. Tan sols era una nena.

Una dona.

Vaig mirar en Milo. Tornava a mostrar un d'aquells somriures seus tan oberts. I alguna cosa més: satisfacció, orgull.

—Milo, què és això? —vaig dir gairebé sense veu.

—La laruza —va ser la seva única resposta.

I va estendre la mà dreta bo i convidant-me a acostar-m'hi, a manera gairebé de presentació.

—Qui és?

—Cosina meva.

—Però per què...?

—Noia, sí?

—Milo, per l'amor de Déu —vaig tancar els ulls un moment.

—Ella bona noia, tranquil —va posar èmfasi a la seva declaració—. Aquí noies totes bones.

—Què hi fem, aquí?

—Sopar —va assenyalar la taula obrint els ulls.

—Només sopar?

—Amics tots —va fer un gest d'allò més innocent—. Tu necessites distracció.

Em vaig sentir malament. Malgrat les paraules d'en Milo. Molt malament. Amics? Vaig enfrontar-me als ulls de la Iaruza i ella no els va apartar dels meus. També va somriure. Tenia unes dents perfectes, increïble, i el seu somriure va ser un cel, un bàlsam. Novament enmig d'aquell infern sorgia un brot d'escalfor i esperança. Un àngel marcit en aquell no res difús.

—Vine, acosta't —va insistir en Milo.

Com que no ho vaig fer, va agafar la cosina per la mà i me la va acostar ell a mi. La seva pell era mat, mancada de vitamines. Tenia unes mans menudes i uns dits llargs i afilats, però sense ungles.

—Vinga, fes petó a galta, com a Espanya.

Em vaig veure obligat a fer-ho. Va ser un frec dolç. L'última dona amb qui havia estat parlant i tots dos sols, a banda de les amigues d'en Mahler i els altres, era la Laia, i d'això ja feia una eternitat.

—Quants anys té?

—Disset.

—Déu meu...

La laruza va parlar per primera vegada.

—*Nebrestaya dunka vayureshei to vadz.*[1]

—Diu que ets guapo —va traduir en Milo.

—Ella també —vaig mentir a mitges.

—*Gaztedj anidai sbreveda, ¿goi?* [2] —va traduir al seu torn a la laruza.

Vaig començar a recuperar l'alè. Trampa o no, era allà. No me'n podia anar. Tan sols vigilar, cuidar-me, tenir tot el tacte del món. No volia ser un porc més dins el fangar en què s'havia convertit la guerra. Simplement no era d'aquests. Jo no. Encara no. No hauria pogut.

Disset anys.

—*Vrei tushenniev. Ayaei mazdjet a tudzrania, Milo* [3] —va dir la laruza.

—*Tusheniev mai, godeionov taj shbraia Spanienka ya ut* [4] —va arronsar les espatlles davant la cosina el meu intèrpret.

1 —El teu amic és molt tímid.

2 —Li agrades molt, ho veus?

3 —Estàs boig. Això no funcionarà, Milo.

4 —Boig, sí, però te'n podries anar a Espanya amb ell.

Ella va abaixar els ulls a terra.

—Què dieu? —vaig preguntar jo.

—Res.

—Vinga, home. Heu dit alguna cosa d'Espanya, que no sóc ximple.

En Milo va acariciar-li els cabells. Ella va tornar a alçar el cap. De sobte va començar a semblar-me bonica i em vaig espantar encara més.

—Diu sempre estimat Espanya. Bon país. Sol, pau. Jo dit ella que tu pots portar visitar.

—Milo...

—*Anai zudtja, Milo. Gatz shostoba ta dutz gaibradze bruque min sah drubruba* [5] —va tornar a intervenir la laruza.

—I ara què ha dit? —vaig insistir en veure que en Milo no ho traduïa.

—No importa.

—Milo, o ho tradueixes tot, o toco el dos. T'ho dic seriosament —vaig sentir–me irritat de sobte.

—Ella diu que el seu destí és morir aquí, no viure allà.

Això em va deixar de pedra.

De sobte vaig voler abraçar-la, no com un home, només com un amic, com un ésser humà. Se'm va fer un nus a la gola, sorgit del no res.

5 —Tinc gana, Milo. Fa estona que sóc aquí veient el menjar i estic morta de gana. Si us plau...

Vaig preguntar-me què haurien fet en Mahler o els altres en una situació com aquella. I em vaig adonar que la resposta no m'agradava.

—Bé, això festa! —En Milo va fer xocar les mans l'una contra l'altra.— Sopar i conversa!, sí? És en honor teu, espanyol! Gran moment! D'acord? Oh, sí, d'acord! Bona paraulo... paraula, d'acord! Menjar i després... música! Ja?

Era una festa.

Així doncs, vam celebrar-la.

En Ferran Argilés mai no m'havia donat copets a l'espatlla. Mai no m'havia dit que fos bo o que un reportatge meu tingués més consistència que una necrològica. Mai no m'havia felicitat per una bona frase o l'encert d'una investigació de carrer.

El director del diari opinava que el millor afalac d'un bon periodista era la feina ben feta i la satisfacció pròpia.

Tot i que en cas contrari els seus crits feien estremir les parets de tot l'edifici.

Ho sabia per experiència.

Per això les seves paraules, i encara més el to en què va pronunciar-les, em van fer levitar uns quants centímetres del terra.

—Nèstor, fill de puta, beneïts siguin els teus ossos, noi!

—Patró...?

—Ha estat sensacional! Els hem deixat a tots amb la boca oberta!

Parlava en plural. Això era bo. Quan una cosa sortia malament, "jo" ho feia malament. Quan una cosa sortia bé, "el diari", "tots", "nosaltres", estàvem a l'ona. Li agradava dir això de l'ona.

—Crec que era un bon treball, sí —vaig aventurar-me.

—Bon treball? Maleït sigui! És aquest l'esperit! És aquest el Nèstor que jo volia veure, el Nèstor que sabia que era aquí, amagat, arrupit, ocult darrere la teva pell de xai! O aquell paio et va impactar o has fet sortir el millor de tu, noi!

—Em va impactar —vaig reconèixer—. És tal com deia a l'entrevista. Em pensava que em trobaria un senyor de la guerra, mig embogit per la situació, parlant de sang i mort, i en canvi... aquell home semblava un avi normal i corrent, un jubilat posat al capdavant d'una conjuntura...

—No t'enrotllis, collons! L'important és que has sabut trobar la manera de tractar-lo! Han estat dos mil dòlars ben gastats, ho reconec! I tot el que diu el Karibian aquest...! Per a sucar-hi pa! Aquest home els té ben posats! Una ment lúcida, sí senyor! Clar i net!

—Bé —vaig sospirar tornant a tocar de peus a terra—, gràcies per dir-m'ho, patró. No cregui que això és fàcil.

—Et penses que no ho sé? Em consta que et vaig enviar a l'infern per aguerrir-te, i em vaig arriscar. Però m'has donat la raó. Segueix així, fill —el seu to va recuperar la densitat d'aquell breu instant al seu despatx, el primer dia, quan va encarregar-me la feina i em va demanar que no em matessin—. Perquè això és només el començament, oi?

—Què vol dir?

—Aquest noi, la teva mainadera! Com m'has dit que es deia?

—Milo.

—Milo —va pronunciar-ho com si fos una paraula màgica, del tipus Abracadabra—. L'has d'esprémer. Treu-ne tot el que puguis. Si t'ha portat fins al tal Karibian, pot conduir-te a altres peixos grossos de l'embolic que tenen muntat allà. Vés a buscar-los, Nèstor. En Milo és la teva clau. Hi ha pressupost, d'acord? Dius que és legal, no?

—És més que legal —vaig recordar l'extraordinari rescat del primer dia.

—Llavors digue-li que estem disposats a més. No li parlis directament de calés, regateja tant com puguis; que no es pensi que som el Banc d'Espanya o Fort Knox, però que sàpiga que tot és negociable. Hem obert la Caixa de Pandora i no la tancarem així com així.

—No sé qui més podria entrevistar —vaig vacil·lar.

—Escolta, Nèstor. —En Ferran Argilés em va parlar encara més directament, amb aquella pàtina professional que solia adornar les seves millors al·locucions.— Tothom explica el mateix del Tudzbestan: la guerra, els morts, Sezerkanda destruïda, els russos, els musulmans, les matances, la fam... Nosaltres enfocarem el tema des d'un angle nou. Tu has fet diana, amb aquella entrevista has retratat el costat humà. Vull la veu de tots, però no dels soldats sense cultura o aquella pobra gent que pateix els bombardejos. Vull la veu dels qui manen tirar les bombes i els qui manen atacar o resistir al preu de morir tots. Obriràs el conflicte en canal, i hi ficaràs l'urpa, per tal de remoure a fons tota la merda i tirar-la per la cara als qui viuen penjats dalt del seu núvol! Això és el que vull, Nèstor! I això és el que donaràs a la gent!

Tornava a sentir-me petit.

—Parlaré amb en Milo.

—No hi parlis! Ordena al teu Milo que mogui el cul!

—D'acord.

—Mira —va recuperar el to anterior—, ara mateix el conflicte es troba en el punt de màxima intensitat. Ahir la CNN va dir que el president dels Estats Units havia fet un toc d'atenció als russos sobre la necessitat que el poble tudzbestà sigui amo del seu propi destí. Vaja, que els ha estirat les orelles. Ho vas veure?

—Sí.

—Avui els russos han tret foc pels queixals, emprenyats, com és natural, i han al·legat que això és una cosa interna, com l'afer de Txetxènia, però sense cridar gaire, perquè si els americans els tallen els crèdits i l'ajuda ja m'explicaràs què menjaran el proper hivern. —Va agafar aire per continuar parlant.— Primer sempre deixen que les parts es matin. Quan els morts ja fan pudor, ve la reflexió, el *mea culpa*. Tothom sabia allò de les matances i la neteja ètnica a Iugoslàvia, però van fer-hi res? Tots sabien que els tutsis i els hutus es degollaven a milers a l'Àfrica Central, però van fer-hi res? No s'hi fa mai res mentre passa. Sempre és després. A l'era d'Internet, els éssers humans reaccionem més a poc a poc que una tortuga. Tot és pur interès. Ara, el gran resum és que la cosa està que bufa. Per fi el papa Sam i l'oncle Igor han obert la boca, ofegats per la pestilència que els arriba del lloc on ets tu. I quan els ianquis i els de la falç i el martell comencen així...

—S'embolicarà més la troca?

—Més? A aquella gent els hauria anat més bé no trobar petroli. Han passat de ser una merda sense importància a un plat de primera. Què t'he d'explicar que no hagis vist tu? El que et vull dir és que ara el Tudzbestan és primera pàgina gairebé cada dia. I tu has fet la millor entrevista d'ara mateix, i al cor de la veritat. Per tant, no ens aturarem. Estàs a l'ona?

Va sortir "l'ona".

—Hi estic, hi estic.

—Posa't les piles, i posa-les a la criatura aquesta. Vull alguna cosa d'aquí a tres dies a tot tardar.

—Patró...

—Sí, Nèstor?

No em va agradar la seva cantarella. Sonava a Cruel·la De Vil fent-se la innocent davant els cent dàlmates acollonits.

—El tindré al corrent —vaig acomiadar-me.

—Endavant, Nèstor, endavant! Amb això et tornaràs famós.

No hi havia pensat.

Ho puc jurar.

I vaig imaginar-me com li hauria encantat a la Laia que jo fos famós.

En Milo no va aparèixer aquell matí.

Cap avís, res.

En Mahler havia vingut un dia amb nosaltres, perquè li havia fallat la Jivara a causa del seu mal estat de salut, de manera que després d'esperar-lo dues hores ben bones aquesta vegada vaig ser jo qui es va unir a ells dos. No vam anar amb moto. Vam marxar a les muntanyes a la recerca d'emocions, amb el cotxe d'un corresponsal japonès. No era mala persona, però estava bastant boig. Em va fer pensar en els kamikazes del final de la Segona Guerra Mundial, capaços de pujar a un avió carregat de bombes i estavellar-se sobre la coberta d'un vaixell. No vull dir que fos un suïcida, però fins que no van disparar-nos no es va aturar. Vam tornar a l'hotel al capvespre i jo em vaig jurar que no tornaria a repetir l'experiència sense en Milo. La Jivara també el va titllar de boig.

Per cert, vaig preguntar-me si entre ella i en Mahler hi havia alguna cosa. No feia aquesta sensació, però... El tracte del meu company era afectuós, perquè la Jivara semblava que estigués a punt d'esmicolar-se en qualsevol moment. Ella, en canvi, li mostrava una certa veneració. Devia veure'l com un gegant. Un home capaç de fer miracles. Formaven la més estranya de les parelles periodista-mainadera del Gatzok.

En entrar a l'hotel, vaig preguntar si en Milo havia tret el nas per allà en algun moment. A recepció em van dir que no. Una recepció, cal dir-ho tot, cada dia més deprimida per l'entorn. El fet d'intentar mantenir les aparences, i oferir uns serveis, enmig d'una guerra, semblava una veritable bogeria. Era com si, al mig d'un camp d'extermini nazi, s'hagués instal·lat un hotel o una pensió perquè els periodistes estrangers convidats a la festa fossin a prop dels esdeveniments. A vegades mirava els qui provaven de mantenir l'hotel dempeus i quedava parat. Ens ho cobraven tot a preu d'or, i la zona no patia els efectes dels atacs, però la sensació de precarietat era absoluta.

Vaig passar la nit molt inquiet i em vaig despertar un parell de vegades sobresaltat. La pregunta sobre on podia ser en Milo se'm va fer obsessiva. Al matí em vaig despertar colèric i de molt mala llet, vaig baixar a baix i quan em disposava a dir a en Mahler que tornava a marxar amb ell i amb la Jivara el vaig veure aparèixer per la porta, com si res, amb les mans a la butxaca.

No sabia si abraçar-lo o esbroncar-lo.

—Hola, espanyol —em va saludar sense entusiasme.

Això em va fer eliminar l'esbroncada.

—Què et va passar ahir?

—Sap greu —va mirar a terra.

—Cap problema?

—Sí.

—Puc ajudar-te?

—No.

Hermètic, sec i directe. Això últim sempre ho era, encara que ho adornés amb somriures o amb el seu entusiasme. Deixava anar les coses, fossin les que fossin, com si res. Però aquesta vegada em va inquietar encara més. La brillantor dels seus ulls tenia quelcom d'esmorteït, com si allà dins un generador s'estigués quedant sense energia.

—Milo, som amics.

—Ja sé.

—Els teus problemes són els meus problemes.

A vegades recordo la mirada d'aquell matí. La recordo i, juntament amb altres, la tinc gravada a la part més profunda de la memòria. Surt de tant en tant i m'assalta. Em colpeja la consciència. Va ser la primera. I no va ser una mirada com les altres, ni tan sols la d'un nen innocent al caire de l'abisme en aquell pandemònium brutal. Va ser una mirada sense nom ni cognoms, un crit. En Mahler m'havia dit que no els agafés afecte, que els "pigalls" dels corresponsals de guerra sabien una cosa molt bàsica: nosaltres teníem un passaport, i un bitllet de tornada a casa. Ells no. La seva casa queia a trossos, i ells amb ella.

Els seus problemes no eren els meus problemes.

Em vaig sentir molt malament, com un cabró.

—Milo, em sap greu —em va tocar demanar perdó.

—No importa. Passen coses —va fer un gest trivial, fingidament despreocupat, i va recuperar part del seu ànim, disposat a treballar—. On avui?

—No ho sé.

—Hi ha calma.

—Vine, anem a esmorzar i en parlem.

Jo ja havia esmorzat, però volia que ho fes ell. Amb el menjar que li comprava regularment a la botiga del mercat negre podia alimentar tota la seva família. Tot i així, quan el veia mastegar feroçment i beure's un bon got de llet, em quedava més tranquil.

D'on dimonis devien treure la llet?

Déu meu, me'n vaig anar sense saber-ho.

Una cosa tan insignificant, una ximpleria com aquella, i al final ni ho vaig preguntar.

—Escolta, et vull dir una cosa —vaig començar sense donar pistes sobre la meva inquietud—. L'entrevista de l'altre dia...

—Sí? —va deixar de mastegar, inquiet.

—Va sortir molt bé, saps? M'han felicitat. Al diari pensen que va ser magnífica.

—Oh, va ser bona, sí —es va refer—. Bones preguntes. Bones respostes.

—Pots aconseguir-me'n més?

—Possible.

—Vull dir al mateix nivell.

—Jo donaré veus. No problema. Tu deixa a mi.

—Bé.

—Diners?

—Ja et vaig dir que no érem un diari ric com els americans, però podré pagar.

—Això bo —va dir amb aplom—. Diners són importants en guerra.

El primer tema, conclòs. Quedava el segon.

—Et volia dir una altra cosa.

—D'acord. —Deixava anar la seva nova paraula sempre que podia.

—Allò d'abans-d'ahir a la nit...

—No et va agradar la laruza? —es va entristir.

—Em va agradar molt, és una noia estupenda, ens ho vam passar molt bé i em vaig divertir, és clar que sí, però...

Havíem sopat, parlat, resistit les indirectes d'en Milo ara ruboritzant-me jo i després ella. I també havíem ballat. Déu meu... ballar a l'infern. Ella era una ploma. Hauria pogut agafar-la en braços i moure'm jo sol. Qualsevol altre hauria dormit amb ella. Era una dona i n'hi ha que no tenen manies mentre sigui això, una dona. Em vaig sentir com un imbècil. No vaig poder. Va acabar la festa, vaig resistir els seus ulls, que imploraven tendresa, o l'estranya barreja que fos allò, i en Milo em va tornar a l'hotel en silenci. Vaig dir-li que no volia parlar i vaig pujar a dalt. Era massa tard i la sensació massa intensa.

—La meva cosina seria una bona esposa tu —em va engegar en Milo.

—Estàs boig.

—Jo no boig. Tu sí boig. Perds oportunitat gran.

—No me la puc emportar a Espanya!

—Casat sí.

—No n'estic enamorat!

—Ella és bona —va fer cas omís del meu comentari—. I conserva verge, saps? Jo juro. Amagada tot temps.

Vaig enfonsar el cap entre les mans. A vegades era com si parlés amb la paret. Anava a la seva i jo em donava cops contra el seu impenetrable escut a l'estil Enterprise.

Hauria dormit amb una verge.

—Vols callar, si us plau.

No va callar.

—Jo quedaria aquí. No problema. Tu no preocupis. Jo llest. Ella no. Ella és noia. No dura molt.

—Milo!

Va fer un bot davant el meu crit. Igual que alguns que teníem a prop. Vaig intentar ser tan clar com vaig poder, i també categòric, tot i que no sé si la meva cara dóna per a ser categòric. La Laia sempre em deia que tinc una cara massa oberta i transparent, que se'm veu venir d'una hora lluny, que encara que m'enfadi ningú no es pot prendre seriosament el meu enuig perquè no tinc mala llet.

Collons de Laia!

—Milo, no em busquis nòvies, si us plau. Limita't a les teves coses i no emboliquis la troca. T'entenc, però aquesta és la meva feina, la faig, i quan acabi me n'aniré. Comprens el que et dic?

La paret.

Em va mirar amb els seus ulls de nen, oberts i foscos, plens d'universos que jo tenia oblidats o ni tan sols coneixia, perquè jo a la seva edat vivia en un país normal envoltat d'amor.

—No feina —va negar amb el cap—. Ja no. Tu ets aquí, i veus. Tu sents. No com els altres —va fer un gest cap al nostre voltant—. I tu també saps cosa important: que això no acaba. Això no acaba mai. Tu saps i jo sé.

4

La segona vegada ja no vaig tenir por.

Cita prop de l'hotel, un missatger, ulls embenats, deu o quinze minuts dalt de la moto, i per fi la foscor d'un túnel ja sense el mocador al cap. En Milo em duia agafat de la mà.

La mà d'en Milo era petita i afilada.

—On som?

—Xxxt! Calla.

Caminàvem lentament, perquè l'acompanyant només tenia un petit llumet que amb prou feines feia llum. Fer una passa era d'allò més difícil.

—No soroll, si us plau —va insistir el meu intèrpret—. Parets tenen orelles. Prop zona perillosa, saps? Aquesta és entrevista molt força compromesa. Juga vida.

—Ja, ja.

Però era inútil. Vaig tornar a entrebancar-me. El que ens conduïa em va clavar una mirada gèlida. Jo era l'elefant a la botiga de porcellanes. Per si no n'hi hagués prou havia plogut copiosament i la humitat es filtrava per les parets i el terra. Tot estava relliscós.

Vaig veure una llum gairebé al fons.

I finalment vam arribar a la nostra destinació.

Aquesta vegada eren tres, i hi havia una taula. Al centre, el meu objectiu: Shakris Bishkekerian; a banda i banda, dos dels seus homes, fortament armats, amb bales en bandolera, ganivet al cinyell i metralladores a les mans. No havia sentit parlar mai d'ell, ni de Karibian Urszende la primera vegada. En realitat, el món no coneixia els homes que lluitaven al Tudzbestan. Aquella era la gran diferència. La guerra, rebrotada després de tants anys d'*impasse*, havia renascut amb nous protagonistes. Segons en Milo, Shakris Bishkekerian era la intel·ligència tudzbestana, l'home fort a l'ombra, el responsable del petroli i del futur econòmic del país, en un pròxim Govern lliure i sobirà. Amb permís dels russos.

També va dir-me que era una altra de les persones més buscades, tant pels invasors com per la guerrilla paramilitar musulmana. Un peix molt difícil.

Dos mil dòlars de convenciment.

Em vaig moure amb més desimboltura. Havien posat una cadira davant de la taula, i la vaig ocupar. En Milo va avançar i es va posar al mig. Vaig treure les càmeres per fer les fotos, al mateix temps que observava el meu objectiu. Shakris Bishkekerian semblava més jove que el líder de la resistència a Sezerkanda. Dic que ho semblava perquè, com a la primera entrevista, l'única cosa que podia veure-li eren els ulls. La resta de la cara la tenia tapada. Però si bé els ulls de Karibian Urszende eren els d'un vell, gastats i arrugats, els de Shakris Bishkekerian eren molt més intensos i penetrants. Potser s'acostava als quaranta anys.

—Faig primer les fotos? —vaig preguntar a en Milo.

—Primer digues paraula amable. És un honor per a tu.

Em vaig sentir com el magnat que compra i ja es creu amb dret a tot.

—Perdona. Digue-li que és un privilegi que m'hagi concedit aquesta entrevista.

—Zubra iet not gadrabe to dashenka, unda tudz. ¿Gudrubadze na, anai Zendra?[1]

—Da, vrazed...[2]

—Oh, ezude to, neit prapenda shivaneskaya. Aneit va gushedrai. Untdzis fesvaian.[3]

—Sembla disgustat —vaig aventurar-me.

—Corre molt perill. Des de nous atacs ahir...

—Potser l'hauríem d'haver ajornat.

—No, però no temps. Ja, espanyol.

Vaig aixecar-me i vaig començar a fer les fotos. Els ulls de Shakris Bishkekerian eren fugissers. Me'n vaig fer el càrrec. Karibian Urszende era un lluitador de mirada afligida i veu densa. En canvi, aquell era un intel·lectual,

1 —Primer et farà unes fotos, tal com et vaig dir. Ho recordes tot, oncle Zendra?

2 —Sí, però...

3 —Au, vinga, ja en vam parlar ahir. És un bon home. Tots feliços.

un economista. Tenia por. Pura i simple por. El seu punt de vista seria diferent.

—*¿Anok du vradz ululei*[4] —va parlar el polític.

—*Nog ululei.* —*La veu d'en Milo tenia un to d'enuig.— Ayek da mischi. Mayodroska nudtzve niet, ¿nog? Uyet bradiva aushendra nova.*[5]

—Què ha dit?

—Que tu molt jove per a feina tan perillosa.

—I tu què li has dit? Semblaves ofès.

—Dit que ets bo periodista i Espanya bo país.

—Ets un pilota —vaig somriure.

—Pilota? Bong bong? —va simular que feia botar una pilota amb les mans i després la xutava.

—Després t'ho explico —vaig disparar una altra ràfega de fotos, que van abastar els dos soldats que custodiaven Shakris Bishkekerian.

—*Hjadru nav brushkinya nog budza bruzinsheya*[6] —va tornar a dir una cosa l'home assegut darrere la taula.

—*Dubrai vanya na Zaydz. Onaiente darshe no va darshe. ¿Undz brskoia dei va brestaya nogag? Nienie sbraya*

---

4 —De debò és tan simple?

5 —No és simple. És el meu amic. Però hem de sobreviure, no? Ell també aconsegueix el que vol.

6 —Ells s'adonaran que no som de veritat.

dresho. Nog vadrrash snuda. Padra sobrovindra bul tedzendra na va todj sej ne drubuda.[7]

—Què esteu dient? —vaig seure novament a la cadira i vaig considerar finalitzada la sessió fotogràfica.

—He explicat coses estat fent aquestes setmanes tu i jo. Sent curiositat per tu.

—Oh. —Probablement era un afalac.— Comencem ja?

—Sí.

—D'acord, pregunta-li si les xifres del descobriment petrolífer són les mateixes que s'han divulgat a la resta del món.

—*Kadrav to nergei suvrajda na Undo to djas Badro, anai.*[8]

—*Dubrez snivroda ga, dtzudtza. Ane kadroba se lei rugeskaya na naika u lebdze anioka.*[9]

—Diu que xifres són imprecises. Ningú sap veritat sobre bosses petrolíferes a vall. —Va adreçar-se a l'home.— *Kurto zedei, anai.*[10]

—*Ga dravia na splebenza tudja badro trie: mirna, anaishka lei humanishka...*[11]

---

7 —M'ho va dir el capità Zaydz. Occident vol saber el que vol saber. Tant se'ls en dóna com ens diguem. Ningú no es preguntarà res. No en dubtaran gens ni mica. Només volen saber que som vius per sentir-se més bé.

8 —Comença a recitar el vell *Poema dels Mons*, oncle.

9 —Ets un dimoni, nebot. La teva pobra mare et devia engendrar en una nit de lluna plena i amb una òliba.

10 —Segueix parlant, oncle.

11 —Va haver-hi un temps en què els mons eren tres: la pau, l'amor i l'ésser humà...

—Diu que petroli és taca a cor Occident. Diu que poble tudzbestà cridat a sacrifici mentre teu indiferent.

Escrivia a tota velocitat. Shakris Bishkekerian continuava parlant lentament i ara en Milo traduïa de pressa. El meu cor, en canvi, estava molt quiet.

Shakris Bishkekerian es va remoure inquiet a la seva cadira i va fer una ullada al seu rellotge. Va ser un acte fugaç, però això va fer que jo també mirés el meu. Feia gairebé una hora que havia començat l'entrevista i em quedaven mitja dotzena de preguntes. A diferència de Karibian Urszende, aquella era més aviat una arenga política. L'home estava empipat amb el món en general.

—Les relacions amb la minoria musulmana fan que el conflicte sigui més obert? Té por que els russos puguin aliar-se amb ells, sota la promesa de crear una república musulmana dependent de Moscou i diferenciada de les repúbliques musulmanes independents del sud?

En Milo va traduir les dues preguntes. Sense canviar de to, com si recités una tirallonga apresa per endavant, el polític va respondre les dues qüestions.

—Diu minoria musulmana no compta. Ells demanen partició país, meitat sud per a musulmans meitat nord nosaltres. Impossible. Moscou no pot donar una cosa que no té.

—El desconeixement del món en referència al Tudzbestan és clau per a la manca de suports que ha merescut la guerra, almenys fins ara?

En Milo va convertir les meves paraules en tudzbestà.

Shakris Bishkekerian es va recolzar a la taula. Va mirar el nen, després a mi.

—Què passa, Milo?

—Res. Home cansat.

—Digue-li que ja acabo.

Li ho va dir. I va respondre la meva pregunta amb un altre llarg discurset en el seu idioma.

—Diu que món només sap què passa quan ianquis fan pel·lícula, vint anys tard, explicant veritat —va traduir en Milo.

Vaig somriure.

Moltes vegades jo havia pensat el mateix.

—*Navredj na Hera. Tukiatz* [12] —es va tirar enrere Shakris Bishkekerian.

—Vol saber el teu país qui fa costat —va dir en Milo.

—No ens agraden les matances, ni les imposicions —vaig intentar dir-li el que volia sentir—, encara que els qui manen siguin satèl·lits dels Estats Units.

No hi va haver temps perquè en Milo li traduís la meva resposta. De sobte, vam sentir un soroll ofegat, tan sec com proper. El polític es va aixecar d'un bot i va mirar cap a la foscor, en direcció al passadís que quedava a la seva esquerra. L'espera no va ser llarga. Primer vam sentir uns frecs, remor de passes, i després una veu.

---

12 —És l'hora. Prepara't.

—*¡Shaik! ¡Shaik! ¡Na gudtza vre sneblinka! ¡Trataya na fushivra!* [13]

Els dos homes que el protegien van apuntar les metralladores a les ombres.

—Guarda, espanyol —va aconsellar-me en Milo.

Vaig introduir la llibreta en un compartiment estanc de la meva armilla multiús. El meu intèrpret estava seriós.

—Què passa?

—Perill —es va limitar a dir-me.

El que cridava dins el túnel va fer acte de presència. Era un home jove, d'uns vint anys. Es va precipitar enmig de la reunió, gesticulant i assenyalant cap al seu darrere. No feia falta entendre el que deia.

Shakris Bishkekerian ni tan sols no es va acomiadar. Va fer mitja volta d'una revolada i els seus dos homes el van seguir. Jo ja estava dret, amb en Milo i el qui ens havia conduït fins al lloc de la reunió a banda i banda.

—Marxem, espanyol! —La veu d'en Milo em va tocar de ple, revestida de tensió.— Pot ser emboscada! Soldats a passadissos!

—Merda!

Em vaig espantar de debò. Si en Milo estava amoïnat, calia prendre-s'ho seriosament. A l'exterior podien veure les meves càmeres o el mocador blanc. Allà dins el més

13 —Atenció! Atenció! És l'hora d'anarse'n a casa! La funció s'ha acabat!

probable era que primer disparessin. Havíem caigut a la ratera.

—Sortim aquí! —va agafar-me la mà la meva mainadera.

Va ser una fugida en tota regla. Dues vegades vam sentir les remors, un lleu enrenou de passes, una veu allunyada. L'inconvenient era que tornàvem a córrer entre penombres trencades pel raquític llum del nostre guia, sobre les mateixes superfícies mullades de l'anada, i vaig caure tres cops. Va anar d'un pèl que no em trenqués el cap. En canvi, ells era com si tota la vida haguessin viscut allà baix.

Tota la vida.

Quelcom prou encertat.

—Em sap greu, Milo —vaig esbufegar.

—Sap greu, què?

—T'he posat en perill; i a aquell home, també.

—Ell llest. No perill. I tu tampoc perill amb mi. Ningú agafa Milo. Ningú agafa tu.

Vam arribar al lloc on hi havia la moto. El company silenciós no em va perdonar el mocador als ulls. Me'l va posar, me'l va lligar, i vam sortir com un llamp. La moto era una benedicció. Els cotxes gairebé ja no es podien moure entre les ruïnes de Sezerkanda. Vaig parar l'orella, però no va passar res més.

—Hem sortit a temps! —vaig comentar.

—Calla! —va recriminar-me en Milo.

Vaig callar i vaig esperar. El viatge em va semblar

menys llarg. Quan la moto es va aturar, em vaig treure el mocador i vaig poder veure com l'home desapareixia entre dues parets tot just separades mig metre l'una de l'altra. En Milo i jo tornàvem a estar sols.

I fora de perill.

—Creus que eren russos? —vaig preguntar al meu amic.

—Sí. Crec.

—Sort que tenia vigilància.

—No sort. Tots ulls a clatell.

—Sort que gair ebé havia acabat. Només em quedaven un parell de preguntes.

—Explica també fugida. Patró teu sabrà perill corres tu, sí?

—Sí.

—Bo per a reportatge, d'acord?

—Ets al·lucinant —vaig passar-li una mà pels cabells, embullant-los-hi.

—Jo al·lucino, sí.

—No, no és el mateix —vaig esclafir una rialla que em va acabar d'alliberar de la tensió per la qual havíem passat.

En Mahler deia que un s'acostumava sempre a tot.

Podia jurar el contrari.

—Explica diferència —va demanar-me en Milo mentre jo seia a la moto disposat a tornar a l'hotel.

Encara que hagués tingut un exemplar del meu diari, amb la darrera entrevista en un primer pla, que no era el cas, jo hauria sentit una espècie de pudor vorejant la timidesa més absoluta, i no l'hauria ensenyat a ningú. En Mahler, en canvi, era amic de l'ostentació. Havia imprès d'Internet la portada del seu diari i la tenia col·locada damunt la taula, amb una cervesa a cada costat. Bevia a dues mans.

—T'agrada, amic meu?

Vaig mirar-la per damunt de les seves espatlles. No entenia res del que deia, però la fotografia era de les que regiraven l'estómac i buidaven la ment. Després de veure-la, un no tenia altre remei que fer una d'aquestes tres coses: emborratxar-se, anar al cine o arronsar les espatlles. Allà no hi havia cinemes, jo no podia arronsar les espatlles i emborratxar-me no era la meva debilitat.

—Déu meu... —vaig gemegar.

Era una dona morta, de panxa enlaire, caiguda en una postura grotesca, com totes les d'una guerra, en la qual ningú no moria en pau i amb un somriure. Depenia d'on t'encertés la bala o l'explosió de la granada, de si corries molt o poc, del que duguessis a les mans, de... tantes i tantes coses.

La dona tenia el cos doblegat cap a un costat i el cap en direcció a l'altre, amb les cames obertes sota la faldilla mig arremangada. El seu embaràs era generós, de ventre sortint, vuit mesos llargs. El més dramàtic tanmateix no era ni tan sols això. El més dramàtic ho completava la nena d'uns dos o tres anyets com a màxim, disposada a abalançar-se damunt d'ella plorant i amb les mans obertes a manera de garfis. La cara de la morta mostrava l'última tragèdia. L'adéu. La de la nena viva mostrava la primera, o una més, immersa en el paroxisme d'aquella crueltat. Pels segles dels segles, en aquella imatge, la nena òrfena seria a uns centímetres de la seva mare, plorant, espantada, sense poder aconseguir-la mai.

Una foto cruel.

Sens dubte, encara més que la realitat.

—I la nena? —vaig pensar en aquella realitat.

—Va aparèixer una dona, va arrencar-la dels braços de la seva mare i se la va endur.

—La vas veure morir?

—Sí. Va saltar pels aires. La petita se li havia escapat de les mans i ella intentava atrapar-la.

Vaig haver de seure al seu costat i beure un glop de la seva cervesa més pròxima. En Mahler mirava la pàgina impresa, seriós, asèptic. Sabia que se sentia orgullós del seu treball, però en aquell moment vaig ser incapaç d'aprofundir més en la seva impenetrabilitat. Potser tenia la portada davant seu per aquell orgull, potser per no abaixar la guàrdia, potser per castigar-se. Però no vaig veure tampoc cap ombra de masoquisme en la seva seriositat.

—Guanyaràs el World Press Photo —vaig trencar aquell silenci espantós.

—Espero que no.

—És una gran foto, Mahler.

—És una merda. Però era allà i ho vaig veure. Això és tot.

La gran diferència.

El que separava els fotògrafs dels altres mortals. Ells sempre eren allà, i tenien la càmera a punt i la intuïció al davant.

—Saps quina és la meva gran esperança?

—No.

—Que els fills de puta que governen el món s'hagin ennuegat avui en veure-la mentre esmorzaven. Això si se la creuen.

—Com que si se la creuen?

—No coneixes la història del guanyador del World Press Photo que es va matar fa uns quants anys?

—No.

—Encara devies anar a l'escola. —En Mahler va escurar l'altra cervesa.— Àfrica. Un nen negre moribund en un costat de l'escena. Està ajupit, les cames no l'aguanten, i enfonsa el seu enorme cap entre les mans. És la imatge del final. Li queda poc. A l'altra banda de la fotografia, a uns tres metres del nen, un voltor espera, pacient, sense presses, mirant-lo fixament. L'animal sap que és qüestió de minuts. Més simbolisme, impossible. No és solament el nen i la seva feristela, és una al·legoria de la realitat: Àfrica i el món. Va sortir en tots els diaris, i al cap de poc... el World Press Photo, el cim de la professió per al seu autor. Però al cap de tres mesos, el cabró va i se suïcida.

—Per què? —em va semblar sorprenent.

—La fotografia no era de veritat. Bé, sí que ho era, el nen es moria i el voltor no era precisament de cartró; però el fotògraf no va fer-la sense més ni més, no passava per allà i ho va veure. La va preparar. Va fer una composició perfecta de la realitat. Va agafar un nen inflat i moribund, el va acostar al voltor, va posar-lo allà... i va fer la foto. Va retratar la veritat, però no de veritat. Quan van donar-li el World Press Photo, va tenir un accés d'honestedat. Va despertar. I va reaccionar.

—Malgrat tot, va despertar consciències, va obtenir resultats —vaig considerar jo.

—Nèstor. —En Mahler em va clavar els seus ulls d'acer.— Per a nosaltres no hi ha res més important que la veritat, no tenim cap altra cosa. Existeix el que passa i existim nosaltres, i entremig no hi ha res més que un objecte: la càmera. No podem mentir, nosaltres no, o tot se n'anirà a la merda encara més de pressa. Això és el que ens diferencia de la resta. Aquell cabró va causar un dany terrible a la veritat i a la nostra professió. D'ençà d'aquell dia, molts veuen les nostres fotos i es pregunten si no deu ser un altre muntatge perquè la guerra els faci estremir, una manipulació. I no s'estremeixen. Allò va ser un antídot.

—Les fotografies sempre s'han trucat. Recorda, si no, quan els dirigents soviètics esborraven els qui no els interessaven i els feien desaparèixer d'una instantània.

—Ets un bon tio, Nèstor —va posar-me la mà dreta sobre el braç—. Series l'advocat del diable de qualsevol indesitjable. Tu no creus que a les guerres hi hagi bons ni dolents, oi?

—No, sempre depèn del bàndol on siguis o per qui sents més simpatia.

—I Hitler? I Pinochet? I Pol Pot? I...?

—Ells eren el dimoni.

—I els qui obeïen els seus dictats, què?

—No ho sé, mai no m'he aturat a pensar-ho. El que volia dir és que aquí els uns i els altres fan barrabassades. És una espiral.

—Bah, tant se val. —Va escurar la segona ampolla i, un cop buides totes dues, va col·locar-les sobre la fotografia, bo i tapant els dos rostres humans.— Em pots fer un favor?

—El que sigui.

—Emborratxa't amb mi.

—No és...

—Emborratxa't, Nèstor, o serà pitjor.

—Dissimular la realitat no és mai millor.

Em va estudiar de fit a fit, seriós, greu. Sabia que m'apreciava. La majoria dels veterans es riuen dels principiants, però en el fons es veuen a si mateixos quan van començar i acaben fent una mica de pares, amics, consellers... En una guerra no hi ha rivalitats. Si jo no parlava de les meves entrevistes no era pas per timidesa, sinó per respecte i humilitat.

—Quant temps fa que vam arribar aquí junts? —em va preguntar.

—Cinc setmanes i tres dies.

—Exacte —em va aplaudir una sola vegada—. Cinc setmanes i tres dies. I si tot és com diuen, haurem de sortir per cames abans d'una altra setmana més, llevat que ens juguem la pell quedant-nos aquí i sols. Quan ens n'anem...

—El final.

—No, el final no. No arriba mai el final. El que arribarà aquell dia és el silenci. Sense nosaltres el Gran Silenci s'apoderarà d'aquesta guerra. Ja no hi haurà ningú per a fotografiar les dones embarassades que salten pels aires ni les nenes que volen abraçar-les plorant. Te n'adones, Nèstor? No hi ha final, però sí silenci.

—Per què no hi haurà un final? —vaig voler saber.

—Et penses que els russos conqueriran Sezerkanda i amb això arribarà el final de la guerra?

—Sí.

—No —va ser categòric—. Els russos conqueriran Sezerkanda, sí, però els tudzbestans se n'aniran a les muntanyes, i s'hi quedaran. Faran la guerra de guerrilles, empiparan, atacaran, sabotejaran... És el seu país. No els expulsaran ni poden matar-los a tots. El món dirà "amén" i s'ha acabat. Però no serà el final. D'aquí a cinc, deu anys, tornaran a la càrrega, i sentirem parlar una altra vegada del Tudzbestan. Tornarem aquí una altra vegada per explicar el següent capítol. Ho veus, Nèstor? —Em va prémer el braç.— El que queda entre guerra i guerra és sempre el mateix: el silenci. Nosaltres som el crit, però ni tan sols nosaltres podem cridar sempre. I el silenci guanya, guanya, guanya... —Va exhalar una glopada d'aire retinguda als pulmons i va forçar un somriure tan pesant com l'acer. Llavors va tornar a repetir:— Emborratxem-nos, amic meu, si us plau. Tots dos. No deixis que ho faci jo sol.

Una setmana després de la borratxera amb en Mahler seguíem allà, encara no havíem sortit per cames, però tots deien que era imminent. Les notícies que arribaven dels Estats Units i Rússia mostraven la típica escalada verbal que tan sols podia conduir a l'holocaust. Al tudzbestà, és clar. I de retruc a les tropes russes que haurien de morir durant l'"assalt definitiu". Aquest terme es va convertir en l'expressió més encunyada d'aquells dies. Els Estats Units pressionaven perquè la guerra acabés i els russos volien acabar com més aviat millor amb la resistència tudzbestana per donar-la per finalitzada. El petroli esperava als jaciments. Encara érem a l'estiu, però tan bon punt arribés l'hivern...

Em va fer vergonya preguntar si nevava al Tudzbestan.

En Carlo Verizzo, l'italià, va morir l'endemà de la meva tercera entrevista. El seu company, el francès Delacroix, va quedar ferit, però va poder sortir-se'n pel seu compte. Els van atrapar entre dos focs en una escaramussa urbana. D'allò més simple. El cadàver d'en Carlo va estar tota la nit al mig d'un vulgar carrer sacsejat per trets i bombes, i quan hi vam arribar uns quants l'endemà estava despullat i ja no tenia les càmeres.

Però li havien deixat els rodets al palmell de la mà.

Era el primer mort de la guerra. Bé, el primer mort del "nostre bàndol". I ens va sumir en una depressió momentània. A la nit la majoria van tornar a emborratxar-se, segons el costum. En Carlo hauria fet el mateix si el periodista caigut hagués estat jo.

Tot plegat va fer que assaborís menys la repercussió de la meva tercera entrevista, aquesta vegada amb un dels líders musulmans, Gabro Iarik, un paramilitar força fanàtic que parlava de conceptes com "partició o extermini tudzbestà". El fet que en Milo m'aconseguís entrevistes amb els seus era lògic, però que aconseguís un contacte, a través d'un amic seu, musulmà, per arribar fins als paramilitars... Això va ser una passada. Si bé no les tenia totes, m'hi va acompanyar. Això no obstant, aquest detall em va convèncer d'una altra cosa: que ni les guerres no poden esborrar a vegades els valors d'una amistat. En Milo i el seu amic musulmà tenien la mateixa edat, havien crescut i jugat sempre junts, i ni la guerra no els havia enemistat de moment; encara que, potser, qualsevol dia, s'haurien d'enfrontar al camp de batalla.

Dos dies després de la mort de Verizzo, en Milo no es va presentar.

Tampoc no ho va fer l'endemà.

El dia que els russos van tornar a atacar, just a l'altra banda de la ciutat, després d'haver-nos masegat durant tota la nit amb les seves bombes.

Una vegada més, van dir que era l'"assalt definitiu".

S'havia iniciat el compte enrere.

No vaig saber si havia de relacionar l'absència d'en

Milo amb l'ofensiva russa o bé si havia d'atribuir-ho a una casualitat, tot i que les casualitats fossin estranyes en una guerra. Però la manca de notícies va convertir-se en una seriosa preocupació quan, per tercera vegada, enmig d'una ciutat sacsejada per les explosions, el meu intèrpret va faltar a la nostra cita.

I mai no oblidaré aquell dia.

Parlava més amb en Ferran Argilés allà del que ho feia a Espanya. Però, si més no, estava més mansoi que un xai. El Capità Tro amb veu de Sigrid. De sobte era el seu "home fort", estava de moda. Em posava com a exemple de superació, voluntat i no sé què més. M'ho va dir en Silvestre.

—Demana-li un augment de sou, perquè no fa res més que parlar de tu. Sembla el teu pare.

Aquell matí no va ser diferent.

—Escolta, allò d'aquell tal Gabro Iarik, perfecte, tu.

—No va ser fàcil.

—Et penses que no ho sé? Vas tenir molts collons, i el teu pigall també. Això em demostra que quant hi ha diners pel mig no s'hi valen banderes ni religions.

—Estan desesperats.

—Ja, ja —vaig sentir que sospirava—. Però bé que es cobren la desesperació.

—Vinga, patró.

Abans li deia "senyor Argilés", al començament. Fins que un dia va dir-me que era "el meu patró" i que li digués "patró" o "Ferran". Vaig triar allò de patró. Tenia una punta de comicitat que el feia més suportable.

—No, si no em queixo. Està sent una bona inversió. Encara que això que tots duguin la cara tapada...

—Ningú no vol sortir a la foto per no ser identificats després si l'agafa l'enemic. És natural.

—Com està la situació?

—Que no sent les explosions?

—Això que retruny són...?

—Exacte, patró.

—Collons!

—Els russos no deixaran que acabi l'estiu amb els tudzbestans a Sezerkanda. Ni els interessa, amb la pressió internacional en contra. Volen acabar això com més aviat millor. Estan disposats a posar tota la carn a la graella, com ho explicava a la meva crònica —l'hi vaig dir per si no l'havia llegida—. L'assumpte de l'ofensiva final de què tant es parla ja és aquí. Depèn de la resistència tudzbestana i del que faci o s'inventi el general Zuderian, perquè això durarà una setmana o dues, però més...

—De manera que la cosa s'ha tornat perillosa.

—Ara sí, i molt. Ja no miren on disparen ni hi ha zones d'exclusió, com la del nostre hotel. Disparen igualment.

—Quan vols tornar?

—Encara no.

—Aquest és el meu noi —va ponderar.

—Sigui com sigui, sortirem per cames. —En Mahler m'ho repetia diàriament, com una obsessió.— Tancaran l'hotel o el faran miques. Estem preparats.

—Qui t'ha vist i qui et veu! Quina manera de parlar! Ja ets un veterà, eh?

—Aquí s'aprèn de pressa.

—No et facis l'heroi, d'acord?

—D'acord —vaig recordar en Milo en pronunciar la seva "nova paraula", encara que d'això ja feia una eternitat.

En Ferran Argilés també hi devia haver pensat.

—Tens cap entrevista en perspectiva?

—El meu intèrpret ha desaparegut.

—No fotis, tu —vaig notar-lo alarmat.

—Fa tres dies que no el veig.

—I no saps on pots anar a buscar-lo?

—No.

—Cap indici, una pista, res?

—Res de res. Ell ve sempre aquí a buscar-me, i m'acompanya de tornada cada nit. És tot un misteri.

—Pots contractar-ne un altre?

—En aquestes circumstàncies no ho sé. Els russos estan estrenyent el setge. Algunes de les mainaderes han marxat de la ciutat, a les muntanyes. A més, en Milo és especial. Quan torni faré un article sobre ell.

—Quan tornis faràs una novel·la —va esbufegar en Ferran Argilés—. Però em deuràs la meitat dels drets d'autor, per haver-te enviat aquí. —Va recuperar el to de preocupació.— Intenta trobar el teu Milo, cony. Mira que no preguntar-li...!

De sobte vaig recordar una cosa. Vaig tenir un flaix mental.

—He de penjar, patró.

—D'acord, Nèstor, d'acord. Cuida't. No vull que et facin sortir dins d'una caixa, com l'italià aquell. M'estimo més estalviar-me la portada.

No n'estava tan segur, d'això.

En Ferran Argilés era capaç de vendre la seva mare per un titular de portada.

Vaig tallar la comunicació, vaig agafar les càmeres i vaig anar a recepció. El recepcionista que el primer dia m'havia preguntat si era *españolo* coneixia en Milo, perquè ell me l'havia enviat. Per tant, o sabia com trobar-lo o la manera de posar-se en contacte amb ell. Per desgràcia, aquest home apareixia i desapareixia sense més ni més, i aquell matí no era darrere el taulell. En tot l'hotel, no hi devien quedar més de tres empleats. No hi havia hagut mai servei d'habitacions, ens fèiem el llit nosaltres mateixos —o no—, però ara la situació començava a esdevenir ja insostenible.

Ni amb el meu vulgar anglès no vaig aconseguir ferme entendre amb l'home d'uns seixanta anys que ens atenia aquell dia. L'única cosa que em va dir, una vegada i una altra, va ser:

—*Tomorrow, tomorrow* —va sonar una cosa així com "txumarrou, txumarrou".

Demà, demà.

Vaig allunyar-me del taulell amb una sensació d'impotència. Tenia en Milo entravessat al mig de l'ànima, i del cervell, i de l'estómac.

—Merda, on ets? —vaig remugar.

En una de les butxaques de la meva armilla multiús duia una fotografia en què sortíem tots dos junts, somrients. Pensava donar-l'hi el matí que no va aparèixer. En Milo tenia una de les meves càmeres penjades al coll, orgullós, i li havia encasquetat una gorra a la part del davant de la qual es veia escrita la paraula *PRESS*. Sabia que li agradaria tenir-la. Vaig mirar-la amb dolor i vaig tornar a guardar-la, impotent.

Vaig anar a l'entrada, com si esperés veure'l aparèixer pel carrer, amb la seva curiosa i prima figura, les seves dents, els seus cabells negres i la seva mirada clara i oberta. Al carrer només hi havia una noia, dreta, a l'altre costat. Una noia que estirava el coll tot buscant alguna cosa, i els ulls de la qual es van dilatar en veure'm.

Quan va arrencar a córrer cap al lloc on era jo, vaig reconèixer-la a l'instant.

La Iaruza.

La cosina del meu company.

Se'm va llançar al damunt abans que jo pogués reaccionar. El seu rostre tenia solcs humits i estava bruta, plena de pols. Seguia sent una adolescent de disset anys, un projecte de dona, trencada enmig de la barbàrie. Dels seus llavis tan sols va fluir una paraula:

—Milo! Milo!

La vaig subjectar pels braços.

—Milo? Què li passa a en Milo? On és?

No m'entenia, però era igual. Em va agafar la mà i em va estirar.

Així doncs, vaig seguir-la, primer al garatge a buscar la moto, i després a través de Sezerkanda.

Coneixia prou la ciutat, almenys basant-me en la posició de les muntanyes i d'alguns edificis alts al centre, per saber cap on ens dirigíem, encara que fos fent volta. Quan en vaig tenir la certesa, vaig aturar la moto i vaig mirar la laruza.

—Russos —vaig assenyalar cap endavant.

—Milo —va dir ella.

—En Milo és al sector rus?

—Milo —va insistir.

Era com si parlés amb una pedra. Una pedra animada i amb sentiments, però de comunicació impossible. Vaig observar-la atentament i vaig veure tot el seu encant marcit per la penúria. Duia la tènue faldilla apujada més amunt dels genolls, arremolinada pel vent, i ensenyava les seves cames primes i boniques. Em vaig sentir malament, perquè en adonar-me que em podia agradar m'adonava també que no era per amor, sinó per necessitat. M'estava convertint en un veritable corresponsal de guerra, com en Mahler i els altres. Viu per fora, mort per dins.

O era al revés?

En Milo. Al davant. En Milo. Els russos.

No vaig voler ni pensar en el que significava allò, si bé començava a ser evident.

Vam ensopegar amb la primera patrulla russa mentre buscàvem la manera de travessar una zona destruïda per les bombes i sense carrers pels quals poder passar, ni tan sols amb la moto i el sidecar, més maniobrables que no pas un cotxe. Vam topar de cara amb ells. El petarrelleig de la moto els havia fet prendre posicions, i ens apuntaven dues dotzenes de metralladores, fusells i armes curtes. Amb prou feines vaig tenir temps de frenar.

Vaig alçar la càmera, vaig assenyalar el mocador blanc ben visible i vaig donar uns quants cops sobre el capó del sidecar, allà on es veia la paraula PRESS amb els traços blancs sobre el fons negre. Cap dels russos no va deixar d'apuntar-me.

Fins que un oficial em va indicar, fent-me senyals, que m'acostés.

Ho vaig fer, a poc a poc, en primera. Vaig aturar-me al seu costat i vaig somriure.

—Premsa, *press*...

L'oficial no em mirava a mi. Mirava la laruza.

—*Interpreter* —vaig dir primer en anglès i després, perquè en Mahler m'ho havia ensenyat, en alemany—: *Dolmetscher*.

El rus va preguntar alguna cosa que no vaig entendre. Tenia uns ulls blaus i profunds, freds com el gel.

—*Work*... feina... —Vaig agitar de nou la càmera i vaig assenyalar la meva companya.— Junts... *ensemble... together... Yes*? —I vaig somriure com un estúpid.

El rus va moure els dits de la mà dreta. Vaig pensar que demanava diners. Ell també. Però no. Volia veure els meus papers. Ho vaig entendre i vaig treure la documentació d'un dels compartiments estancs de l'interior de l'armilla. Es va prendre el seu temps per examinar-me el passaport, i el simple carnet de periodista ibèric. De tant en tant feia una ullada a la Iaruza. La noia mirava cap endavant, amb l'atenció posada enlloc, la tensió a tot arreu, i els pèls de punta. Crec que ni tan sols respirava.

L'escena va restar congelada durant uns quants segons més. Una eternitat.

Fins que l'oficial va tornar-me la documentació i va donar una ordre concisa.

Ens van deixar passar.

Vam travessar les seves línies i només llavors vaig saber que al meu estómac alguna cosa s'acabava de desbaratar, tot i que no era el moment d'aturar-se a fer res pel que feia al cas.

—Estem bojos —vaig dir a la Iaruza.

Més ella que no pas jo. Ella era tudzbestana. Si els russos decidien que era una enemiga... Em vaig estremir pel sol fet de pensar-ho.

Encara avui no sé si aquell dia vaig tenir sort.

Molta sort.

Tots, els tres.

No va ser l'única patrulla amb què vam ensopegar. N'hi va haver dues més. Bé, la tercera, de fet, ja no va ser una patrulla. Era una de les branques del mateix exèrcit rus. Vaig comptar-hi nou tancs. Vaig haver de suportar els crits d'un caporal del cigró, abans que un oficial de més graduació se'ns apropés. Vaig indicar-li que volia passar, que era periodista. Novament es va produir una guerra de nervis, mirades, pauses i examen dels meus papers, fins que a l'últim em van franquejar el pas. No sabia com seria el camí de tornada, però el d'anada...

Així va ser com, tot just cinquanta metres després d'aquell pas, vam trobar les restes d'un pavelló esportiu.

—Milo —va sospirar la laruza per darrera vegada.

—En Milo és aquí?

Va assentir amb el cap, tot i que no m'havia entès.

—El tenen els russos?

—Milo.

—Com ho saps, que és aquí i que...? Oh, Déu meu, tant se val!

Vam baixar de la moto i em vaig lligar el mocador blanc a l'altura del colze. Vaig passar-li el braç dret per damunt de les espatlles, per tenir-la controlada. Estava tremolant. Vam sentir el pes d'unes quantes mirades, però no se'ns va acostar ningú. Amb l'esquerra sostenia una de les càmeres. L'altra em penjava del coll. Abans d'arribar al pavelló esportiu vam veure una paret plena de sang i forats de bala, i al seu peu, els cadàvers d'onze persones, incloent-hi dues dones. Els havien afusellat. La

Iaruza va tremolar encara més i vaig haver de prémer-li el braç, infondre-li ànim, donar-li escalfor. També vaig besar-la entre els seus embullats i bruts cabells. Això va fer que s'enganxés a mi buscant la meva pobra protecció.

Vaig fer algunes fotos, sense deixar-la anar. Havia de fer fotos.

Vam continuar caminant.

Però ja només van ser uns quants metres més. En un costat del pavelló esportiu, custodiats per soldats russos, hi havia més civils, homes i dones, amuntegats, asseguts a terra, enfonsats, que esperaven el seu torn per ser afusellats. No gaire lluny, en una taula, tres oficials feien l'efecte de ser el Tribunal de la Inquisició. Examinaven papers.

—Espanyol!

Vam mirar en direcció als presoners.

—Milo! —va cridar la Iaruza.

Vaig intentar acostar-m'hi, massa impetuós i irracional pel sobtat retrobament, però va ser inútil. Amb prou feines vam fer una dotzena de passes. A mi em van caure dos o tres soldats al damunt, i a la Iaruza la van tirar a terra d'una sola bufetada. No vaig poder fer-hi res, perquè un cop de peu a l'estómac em va robar l'alè. Després em van prendre les càmeres i em vaig sentir com si m'haguessin despullat.

Em van alçar del terra entre dos, subjectant-me per les aixelles, i em van portar fins a la taula dels tres oficials. El del centre tenia bastants galons, però com que jo no havia fet el servei militar perquè em vaig declarar objector de consciència —he dit que odio la guerra i les armes?—, no vaig saber si era un general o un simple capità, que pel que feia al cas era igual. De totes maneres, la seva cara no era amistosa. A tot estirar, estava encuriosit. Devia preguntar-se quina mena de boig idiota era capaç de vagarejar per allà.

Va passar olímpicament del meu mocador blanc.

Un dels soldats va posar les càmeres damunt la taula, amb no gens de cura. Vaig buscar la laruza, ja que tenia por que l'haguessin portat al lloc on eren els altres, i vaig respirar una mica alleujat en veure que un altre soldat l'arrossegava també cap a la taula. Tot i que estava mig inconscient, tan bon punt el rus va afluixar la pressió se'n va escapolir i es va abraçar a mi d'un bot. L'oficial no es va commoure gaire.

Va engegar-me un breu discurset en el seu idioma.

No m'he considerat mai una persona de caràcter. No sóc dels que criden en situacions compromeses. Prefereixo la paciència i el diàleg. Però en aquell moment vaig adonar-me que no solament la meva vida, sinó la d'en Milo i la laruza amb més motiu, eren a les meves mans. I que aquella seria una petita partida tàctica, més de pòquer que no pas d'escacs.

Parlant clar: o plantava cara o estava fotut.

—*You speak english*? —vaig preguntar amb veu greu.

En el rostre del rus es va dibuixar un somriure de menyspreu i va dir una cosa així com:

—*Americanischi.*

—No, no sóc americà —vaig deixar anar en espanyol—. Spanish, you know? Espanyol. —Vaig ficar-me la mà a l'armilla i en vaig treure els documents, mentre els soldats m'apuntaven com si hi dugués un arma. Els vaig allargar a l'oficial i li vaig aclarir en tots els idiomes que coneixia:— *Press, presse, pressa,* premsa... Immunitat, *immunity.*

El rus va fer veure que llegia els papers. Jo vaig girar el cap i vaig buscar en Milo. Estava dret, darrere d'un filat. Tot i la distància, uns quinze metres, vaig veure que tenia sang a la cara. La Iaruza m'abraçava tan fort, que gairebé no em deixava respirar. El cop de peu m'havia destrossat l'estómac i vaig pensar que la diarrea no esperaria gaire. No acabava de sortir per dignitat. No volia cagar-me a sobre.

—Ja? —vaig dir a l'oficial.

Va preguntar-me alguna cosa més, de manera que vaig passar d'ell.

—Jo, periodista... *journalist,* i ells —vaig tocar el cap de la Iaruza i vaig assenyalar en Milo—, ajudants, ajudants... —Com es deia *ajudant* en anglès?— *Collaborator...,* m'entens? Són amb mi! *With me! One and two! With me!*

El rus ni es va immutar. Els altres dos tampoc.

Així que me la vaig jugar.

Em vaig treure la laruza del damunt, vaig mirar-la als ulls per infondre-li coratge, i vaig començar a caminar cap al filat. Vaig sentir un vertigen brutal al cap, les orelles em van xiular. Crec que esperava una bala. Però ni bala ni crit ni cops una altra vegada. Vaig arribar al filat i vaig mirar el soldat que custodiava els presoners. Vaig posar la mà en el que feia de porta. El soldat va mirar els seus superiors, per darrere meu, però o no van fer res o van dir-li que tranquil amb un gest. Vaig obrir la porta. En Milo ja hi era, amb un pòmul masegat, un ull mig tancat i sang al pit. Em va abraçar com la laruza, però no hi havia temps per a floritures.

—Tu venir mi? —va xiuxiuejar incrèdul.

—I si vols que sortim d'aquí valdrà més que t'espavilis, tio. No tinc ni idea de què puc fer. Ja pots començar a parlar rus, d'acord?

—D'acord.

—Doncs tranquil.

Vam tornar a la taula. La laruza, sola i indefensa envoltada d'uniformes, no es va moure fins que vam arribar gairebé al seu costat. Es va abraçar al seu cosí abans de tornar amb mi, com si jo pogués protegir-la millor. Vaig tornar a encarar-me a l'oficial rus. Em mirava amb un mig somriure a la cara.

Va dir alguna cosa.

—Diu que tu boig —va traduir-m'ho en Milo.

L'oficial va mirar-lo a ell. Va treure la pistola de la cartutxera i va col·locar-la just al front del nen, entre els ulls.

En Milo els va tancar i jo em vaig quedar blanc. Va fer-li una pregunta.

—Vol... sa-sa-saber... si parlo... espanyol? —va quequejar el meu company adreçant-se a mi.

—Cony, doncs parla'l!

—Jo espanyol... Espanya bon país... Mi agrada platja, sol... Barça —va pronunciar-ho Barsssa—, Madrid...

L'oficial va esclafir una rialla i es va guardar l'arma tan de pressa com l'havia treta. Semblava feliç.

—*Torrros! Olé!* —va exclamar—. Dinamo Kíev, Barssselona, Mad-drid —va posar el polze de la mà dreta cap avall. Li agradava el futbol. No podia ser del Dinamo perquè era un equip d'Ucraïna, ara país independent. O potser sí. Vaig beneir tots els jugadors del Barça i el Madrid que havien perdut amb el Dinamo de Kíev. I si els odiava també a ells, el mateix. Tant se me'n donava. Oficial o no era un *hortera* ple de tòpics sobre Espanya.

De sobte, la situació havia esdevingut esperpèntica, surrealista.

L'oficial va deixar de riure. Canviava de cara o de gest en un tancar i obrir d'ulls. Va fer una altra pregunta adreçada a en Milo.

—Diu jo ser guerriller tudzbestà i afusellar-me. Tu no proves jo periodista.

Vaig posar la mà a la butxaca de la fotografia.

—Digue-li que en tinc una prova, i que de tota manera, no seria aquí si no fos així.

En Milo li ho va traduir. Mentrestant, jo vaig col·locar-li la fotografia al davant. En Milo amb la gorra, la paraula

PRESS escrita en aquesta, i la meva càmera al coll. El rus va parpellejar.

Va assenyalar la Iaruza.

—Digue-li que és la meva dona.

Vaig fer que alcés el cap i la vaig besar. Però de debò. La Iaruza va entreobrir els llavis. Seguia tremolant, però crec que per a ella va ser un gest dolç. Em vaig treure momentàniament tots els escrúpols de sobre i vaig ficar-li la llengua fins al fons. Havia de ser convincent. Em vaig adonar d'un fet estrany: no tenia gust de res.

La Laia tenia gust de vainilla, de llet i mel.

La Iaruza, no.

Quan ens vam separar, tots ens miraven amb els ulls força oberts.

—Vinga, Milo, vinga —vaig apressar-lo.

Es va posar a parlar amb el rus.

Després, el silenci.

Havia de fer alguna cosa, com quan vaig anar a buscar en Milo, de manera que vaig allargar la mà per agafar la cartera, la documentació, la fotografia i les càmeres, que encara eren a la taula. L'oficial va posar la mà damunt la cartera i la va agafar de nou. Aquesta vegada va examinar-la de dalt a baix, buit a buit. Va trobar-hi més de tres-cents dòlars en bitllets de vint, deu, cinc i un dòlar. Va treure'ls i em va tornar la cartera. Evidentment, no vaig dir res. Després va agafar la primera càmera, la va obrir i em va velar el rodet. Va fer el mateix amb la segona. No em vaig enfadar. Allò equivalia a dir que érem lliures. Va posar la segona càmera a la taula i va deixar que les agafés totes dues. Vaig col·locar-me-les al voltant del coll.

—D'acord, anem-nos-en —vaig suggerir.

La Iaruza seguia abraçada al meu cos després del petó, de manera que vaig passar el braç per damunt de les espatlles d'en Milo. Era el moment decisiu.

—Sense presses, però sense pauses. Digue-l'hi a la Iaruza.

Vaig fer mitja volta.

La primera passa va ser molt difícil, però després, totes i cada una de les restants, em van semblar com les dels que pugen l'Everest i estan a punt de fer el cim enmig d'una tempesta de vent i neu. Esperava escoltar la veu d'alto. Esperava que l'oficial canviés de parer i retingués en Milo, i fins i tot la Iaruza. Ho esperava tot. La moto amb el sidecar em semblava tan distant com la Terra de la Lluna.

—Ànim —vaig sostenir la Iaruza.

En Milo va dir-li alguna cosa, ella va començar a plorar.

Vam arribar a la moto, vaig asseure la Iaruza al sidecar i en Milo va ocupar el lloc de paquet darrere meu. Vaig engegar-la i ens vam allunyar d'aquell indret sense mirar enrere. Ni una sola vegada.

Mentre passàvem el lloc de control, vam sentir darrere nostre la tancada descàrrega d'un afusellament.

5

Vaig ficar la laruza al meu llit, a l'hotel. Es va quedar adormida en un tancar i obrir d'ulls, esgotada per la tensió. En Milo va romandre amb ella, estirat al seu costat, i li acariciava la mà per donar-li pau. Vaig xiuxiuejar-li que també dormís una mica, però em va dir que no amb el cap. No havíem parlat en tot el trajecte de tornada. Estàvem massa consternats. En l'aire flotaven silencis enganyosos, falses treves, calmes prèvies a les noves explosions i trets. Vaig sortir de l'habitació i me'n vaig anar a baix, a l'inevitable bar, ja gairebé sense res i encara menys cerveses fredes. Per un moment vaig creure que en Milo no hauria pogut resistir i també s'hauria adormit.

Em vaig equivocar.

Va aparèixer allà al cap de cinc minuts.

Ens vam mirar fixament un parell de segons. El seu ull ja estava gairebé tancat, i la ferida del pòmul tenia el lleig aspecte de la carn masegada, amb la sang seca formant una pasta humida al voltant dels desperfectes.

Les taques del pit, visibles a la camisa, no sabia si eren conseqüència de cops o de talls. Semblava com si hagués caigut d'un cinquè pis, o s'hagues barallat amb una banda de caps rapats.

Se'm va plantar al davant, i abans que li pogués donar un cop de puny afectuós a l'espatlla, se'm va llançar al damunt i va abraçar-me.

Més que mai, vaig saber que era el que era: un nen de dotze anys.

—Amic —va xiuxiuejar-me a cau d'orella.

—És clar, Milo. Equip, te'n recordes?

—Gràcies.

—No s'ho val.

Es va separar i va clavar-me una mirada molt especial.

—Jugar vida.

—Tu em vas anar a buscar la primera vegada.

—Diferent.

—No, no ho és.

—Sí —va insistir—. Tu no coneixes ciutat. Jo sí.

—Doncs et van atrapar igualment —vaig sospirar.

Es va sentir com si l'hagués renyat.

—Sap greu —va dir.

—Què et va passar?

—Trampa. Van entrar a túnels i van sorprendre. Vaig sortir i ells fora a altra banda.

—Si arribes a tenir un arma a sobre...

—Com trobar laruza? —em va preguntar.

—Ella ha vingut aquí a buscar-me.

—Gran noia —va apuntar un somriure.

—Et deu estimar molt.

—Sóc tot que ella té. —Ara sí que va somriure obertament.— Petó abans...?

—No, Milo. Només era per a confondre'ls.

—Oh.

—Per l'amor de Déu, és una nena!

—Ella convé tu!

—Vols preocupar-te per tu en comptes d'intentar arreglar la vida a tots els altres?

—Jo estimo altres.

—Mira que n'ets de tossut, Déu meu! A vegades em fas posar...!

Va resistir el meu accés de fúria. Com en tantes altres ocasions, era com si parlés amb la paret. Va aguantar-me la mirada fins que vaig deixar de gesticular.

—Ets bona persona, Ne-es-t-tor.

—Ostres, al·leluia! —Era la primera vegada que s'arriscava a pronunciar el meu nom i no em deia "espanyol".

Una explosió llunyana va fer-nos recordar que allò no era res més que una illa, que al nostre voltant, la guerra continuava. En Milo va mirar cap a l'exterior, a través de les escletxes de la finestres tapiades amb fustes del bar del Gatzok.

—La situació està malament, oi? —vaig dir embolcallant la meva veu amb un sospir.

—Sí, ja sí. Molt malament.

—Te n'aniràs a les muntanyes?

—No.

—Et quedaràs amb mi? —no vaig poder entendre la seva voluntariosa lleialtat.

—No.

Vaig quedar desconcertat.

—Què faràs?

—No feina. —Va abaixar el cap com si li pesés una tona.— Ja no més entrevistes. Tu bona persona.

—Ja ho sé, que sóc una bona persona. Però què hi té veure això, amb...? Si no vas a les muntanyes ni et quedes amb mi... —La idea em va assaltar com si un tanc acabés d'entrar per la porta de l'hotel. Una onada de sang freda se'm va escampar per les venes i va omplir-me el cos d'eriçaments tumultuosos.— Espera, Milo... Espera... No deus pas voler ir-me que...?

—Gràcies, Ne-es-t-tor.

—Com que gràcies Nèstor? Milo!

Va fer el gest de voler-me donar la mà, però va ser un fals reflex. Va enretirar-la i es va allunyar una passa de mi. Jo no entenia res.

—Per què...?

—Deixa en pau, sí? —No vaig saber si es referia jo a ell o ell a mi.

—Milo, què et passa?

—Res.

—Llavors, digue'm què...

Vaig veure que plorava. Juro que el vaig veure plorar. Va ser una fracció de segon, abans que fes mitja volta i arrenqués a córrer. Em va agafar de sorpresa. Quan vaig voler reaccionar ja era tard. Dotze anys d'agilitat van poder amb gairebé vint-i-cinc de comoditat. Em portava un avantatge considerable.

Vaig perdre'l pocs metres després d'haver sortit del Gatzok.

Aquella nit vaig ficar-me al llit sense fer soroll, per no despertar la laruza. Seguia estant completament adormida, esgotada. No crec que s'hagués despertat ni encara que els russos haguessin bombardejat l'hotel. Vaig observar-la en silenci durant uns llargs minuts. Adormida era un àngel. Un àngel depauperat, brut i mancat d'atractius, però un àngel al capdavall. Vaig recordar el petó, aquella sensació de no res, aquella absència de gust. Em va resultar molt amarg.

Vaig passar-li una mà pels cabells, per la galta, pels llavis.

Vaig acariciar-li les mans, vaig tocar-li els peus, freds.

Després vaig estirar-me al seu costat i em vaig adormir.

No crec que hagués somiat la resta.

Devia ser poc després que comencés a clarejar, perquè recordo el seu rostre, inclinat sobre el meu. Recordo la seva mirada, la seva veu parlant-me en tudzbestà, pausada, dolçament. Recordo el frec dels seus llavis amb els meus. Un frec suau com una ploma.

I aquelles paraules:

—*Gatz ne snedreva*.

No, no podia ser un somni, encara que jo estigués adormit, encara que no aconseguís despertar-me en aquell moment, encara que...

Quan vaig obrir els ulls, força estona després tenint en compte la claredat que ja es filtrava per la finestra, la Iaruza no hi era.

Allò va ser l'últim record que guardo d'ella.

Durant els dos següents dies, el setge rus es va estrènyer sobre Sezerkanda, i també la invasió de la ciutat, carrer per carrer, casa per casa. Vam poder comprovar-ho pel nostre compte: ja no hi havia manera de sortir de la capital. Qui no hagués marxat a les muntanyes, lluitaria i moriria allà. Un primer helicòpter d'ajuda havia tret un grup de periodistes que ja en tenien prou.

En Mahler i jo ens vam quedar.

Els últims dotze o tretze bojos.

Trobava a faltar en Milo. No entenia la seva actitud. Por? No, ell no, malgrat la captura per part dels russos. Tanmateix, aquelles llàgrimes... Eren com de vergonya. Per haver hagut d'arriscar la vida per a salvar-lo?

Les seves paraules rebotaven dins el meu cap:

"Deixa en pau", "Tu bona persona", "Ja no més entrevistes"...

El recepcionista que el coneixia tampoc no hi era. No hi quedava ningú, allà. No tenia la més petita possibilitat de recuperar-lo. Creia que no tornaria a veure'l mai més.

Em sentia buit.

En Mahler també havia perdut la seva mainadera. La Jivara estava fora de perill a les muntanyes. Com que no hi havia cervesa, no va poder emborratxar-se i va estar tot el dia de mal humor, amb ganes de barallar-se amb algú. No vaig voler ser jo. L'endemà, una vegada més, tot havia passat. Vam anar a veure què pescàvem juntament amb un americà i la seva càmera, un paio tan alt que vam lligar-li el mocador blanc al cap, perquè ens servís d'antena. Vam recórrer la zona més perillosa, la dels paramilitars musulmans. Ara havien de fer front als russos, ja que aquests no tenien miraments de cap mena i no diferenciaven tudzbestans independentistes de minories religioses. Però la sensació que tot estava perdut era tan forta i evident, que va acabar apoderant-se de nosaltres fins a convertir-nos en residus d'éssers humans. A la tarda, l'americà i en Mahler van acabar escridassant-se per diferències de criteris sobre on anar, per la qual cosa ens vam separar. Tot i que en el meu fur intern reconeixia que el ianqui tenia raó, em vaig quedar amb l'alemany.

—Això s'acaba —va grunyir en Mahler quan ens vam deixar anar en el que quedava de les butaques del vestíbul de l'hotel.

—Això mateix vas dir-me fa dies.

—Ara va de debò. Quan els russos ho tirin tot al damunt...

Es va acostar un homenet. Va dir-nos, amb un espantós anglès, que l'hotel es quedaria sense ningú. Es tancava. Els russos eren contundents: havíem de marxar tots o no garantien la nostra seguretat. Fúmer el camp. Després de transmetre'ns el comunicat, l'homenet es va allunyar.

—No volen testimonis —va dir en Mahler.

—Creus que els mataran a tots?

—Digue'n neteja ètnica o esclafament de la resistència, però arrasaran Sezerkanda.

—I els qui encara estiguin combatent?

—Rendir-se, no es rendiran. Aquest general, Svan Zuderian, és com els d'abans. Un gat vell. Aguantarà tant com pugui i després... Potser per sota terra uns quants aconseguiran sortir i arribar a les muntanyes, però seran una minoria.

—Per què no han tocat el dos?

—Perquè el món només reaccionarà si hi ha morts, si diem que a Sezerkanda no quedaven ni les rates. És la seva forma de guanyar perdent. Volen que els russos quedin com uns assassins, igual que a Txetxènia. Per això encara som aquí, no?

—Aquest home, en Zuderian, deu ser algú molt especial.

—Ja ho crec.

—Quan se'n vagi l'últim periodista et quedaràs? —em vaig espantar en recordar el seu comentari anterior.

—Que t'has tornat boig? —Em pensava que el meu company ja havia perdut tot el seny, però vaig descobrir que no.— Vull veure els meus fills, saps? Els herois són com tu: joves, solters i sense compromís.

—Què saps tu —vaig exhalar amb amargor.

—Em vas dir que no hi havia ningú.

La Laia.

Així que arribés, havia de trucar-li. Potser...

—Mahler, hi ha cap possibilitat de poder treure algú del país?

—Ho dius pel teu Milo?

—Sí.

—Oblida-te'n.

—A l'helicòpter...

—Oblida-te'n. No treguis mai un ànec d'un toll per ficar-lo en un zoo o bé deixar-lo tirat en un desert. El toll és el seu únic món.

—En Milo no és un ànec.

—I on és? Eh? —Va obrir les mans fent un gest evident.— Se'n deu haver anat a les muntanyes, no és ximple. Va treballar bé, vas pagar-li bé, tot ha acabat bé.

—No, no ha acabat bé —vaig replicar esgotat.

—Has pres partit, d'acord. Sempre ho fem. I sempre és pel més feble. Tu vas dir que a les guerres no hi havia bons ni dolents, és veritat. Però els russos tenen un exèrcit i els tudzbestans estan a les acaballes. Els russos no volen deixar-los ser lliures i ells volen ser-ho. Però no és fàcil... A Iugoslàvia primer els febles eren els croats, massacrats pels serbis, i després els bosnians, massacrats pels croats i pels serbis, i després... Al final n'hi havia per a tornar-se boig. Però sempre es pren partit. Llàstima que no es tracti d'articles de record. No pots salvar ningú. I quan ho entens, quan de debò veus com són les coses i et fas professional i adult de cop, comprens que només pots salvar-te tu.

Va deixar de parlar i, durant un petit espai de temps, ens va embolcallar el silenci.

Salvar-nos nosaltres.

—Mahler.

—Mmm...

—Saps què significa "*Gatz ne snedreva*"?

—Ni idea, per què?

—M'ho va dir una persona.

—Quan?

—Quan es va acomiadar de mi.

La comunicació era molt dolenta. Hi havia interferències. Tot es girava en contra.

—Nès... tor...?

—L'estic perdent, patró!

—Jo... der...! Em sents ara?

Alguna cosa va desembossar la línia de cop. La veuassa d'en Ferran Argilés em va tocar de ple.

—Sí, ara sí.

—Què hi fas, encara aquí?

—Quedem uns quants. Ens trauran demà o demà passat.

—Però no estaven atacant els russos amb tot?

—Sí.

—Com sortireu?

—Diuen que enviaran helicòpters.

—Qui ho diu?

—Ràdio "macuto".

No tenia ganes de fer broma, però era l'única cosa que em quedava. Déu meu, quina pregunta!

—T'has tornat boig?

—Patró, si no hi ha helicòpters intentarem sortir amb cotxe, com a l'arribada. En tenim dos que encara funcionen, i la meva moto.

—Amb cotxe, per on?

—A través de les línies russes, naturalment.

—Si no et conegués diria que li has agafat gust, a això.

Li deia ja que seria la meva primera i última guerra o m'esperava a arribar a casa?

Casa. Quina paraula més bonica.

—Això és el final, i cal que algú l'expliqui —vaig engegar-li amb una vehemència que va resultar dramàtica—. No deixaran pedra sob...

—Nès... tor...? Et... per... do...!

—Patró! Senyor Argilés!

—Tor... na! —Vaig sentir uns cruixits abans de recuperar la veu del meu director.— Ja ets un heroi, no siguis carallot! Les teves entrevistes estan...!

Un brunzit va substituir-li la veu. El bip-bip-bip del senyal, després d'haver-se tallat la comunicació violentament, va demostrar-me que difícilment podria tornar a establir-hi contacte. Tots tenien els mòbils —els qui en duien— sense bateria. Ja no hi havia llum elèctrica i el generador de l'hotel tampoc no funcionava. No hi havia manera de carregar res, ni connectar els ordinadors portàtils, els mòdems... Ens convertiríem en un grup de corresponsals cecs, sords i muts. Llevat que fugíssim d'allà i ho expliquéssim després.

Vaig sortir a l'exterior. Era mitja tarda. La batalla arribava del centre i de tots dos costats. Una diagonal invisible dividia la ciutat. Ja no ens atrevíem a anar gaire lluny. Teníem poca gasolina i la guardàvem per si l'únic mètode de fuga eren els cotxes. Els rumors sobre tropes de l'ONU i efectius nord-americans a l'altra banda de la frontera no eren fiables. De quina frontera? Potser fins i tot acabarien traient-nos d'allà els mateixos russos. Un periodista mort, com en Carlo, era un accident. Una dotzena crearia massa conflictes.

I sabien que érem allà.

Vaig veure algú a la llunyania. Semblava un nen o una nena. Se'm va aturar el cor.

—Milo?

Sabia que no era en Milo. Tot i així, vaig arrencar a córrer. Potser el coneixia. En aquell món amagat sota terra tothom es devia conèixer. El nen es va alarmar tant, que va fer mitja volta i també va fúmer el camp. El vaig cridar.

—Eh!

Res, s'acostava a unes ruïnes.

—Espera, et donaré dòlars... menjar!

El nen va ficar-se a les ruïnes. Vaig trigar menys d'un minut a arribar-hi, però quan em vaig introduir a dins ja s'havia fet fonedís. Vaig veure un buit que baixava, com sempre, cap avall. Avall, avall, avall.

—Eh!

Silenci.

—Busco en Milo!

Milo, què? Ni tan sols no sabia el seu cognom. En totes aquelles setmanes no l'hi havia preguntat...!

Vaig baixar una mica. Vaig arribar a un túnel. Duia una petita llanterna que encara feia una mica de llum. Vaig treure-la i em vaig arriscar. Esperava que il·luminaria el nen enganxat a una paret i espantat per la meva presència, però el túnel continuava i continuava, a banda i banda. És clar que també podia rebre un tret.

—Amic meu!

Vaig fer unes quantes passes pel ramal de l'esquerra. Hi havia petjades. Vaig caminar mig encorbat uns metres, fins que vaig ensopegar amb alguna cosa. La meva llanterna va il·luminar el cos d'una persona, un home adult, mort de panxa enlaire. No tenia cara. Un grup de rates l'estava devorant. Així doncs, hi havia rates. Encara.

—Eh! —vaig voler espantar-les.

Em van plantar cara. Al Tudzbestan, fins i tot les rates lluitaven. Tenien gana. Una va emetre una cosa semblant a un xiscle espantós. O van ser imaginacions meves? Els vaig concedir el dret a viure. Com tots. El mort ja no era conscient de res.

Vaig recular i vaig tornar a sortir fora.

Vaig encaminar-me cap a l'hotel a poc a poc, com si passegés, amb les mans a les butxaques, aliè a la guerra, que m'enviava els seus missatges en forma de trets i explosions al meu darrere. Només tenia al pensament la meva tornada i en Milo.

Em sentia molt malament.

Tan furiós i enfadat com decebut i deprimit.

Havia dit res en Ferran Argilés sobre que ja era un heroi?

Les meves entrevistes?

Famós gràcies a un nen.

Feia tres nits que gairebé no dormia, des del comiat de la Iaruza. Ja no hi havia res per a menjar, i em vaig ficar al llit fugint de la resta i escoltant més el rugit del meu estómac que no pas el terrabastall de les bombes.

Va ser la meva última nit a Sezerkanda, i em vaig adormir.

El bombardeig va començar al matí, a dos quarts en punt de set.

No va ser selectiu, sinó massiu. Una de les primeres bombes va caure a menys de cinquanta metres del Gatzok.

Estava fent una cosa insòlita: somiar en els meus pares. I en els temps feliços. El somni perfecte. No he conegut mai ningú que estimés tant una dona com el papa va estimar la mare. La necessitava. La seva devoció era absoluta. El meu pare vivia per ella, tot ho feia per ella, esperava les seves decisions, els seus veredictes. Quan la mare li recriminava, de broma, que s'hagués fet ric i no haguessin estat més *hippies*, ell deia que ningú no és perfecte. No sé si el papa va tenir històries, no en tinc ni idea; però amb històries o sense, només hi havia una dona: la mare. La malaltia que va acabar matant-la també el va matar a ell en part. Per a algunes persones, el fet d'haver perdut l'amor, l'afany de viure, la intensitat de la persona estimada, és com si els empenyés a un abisme. Tot s'ensorra. Per això ara és feliç amb la nostra veïna, per això va trigar cinc anys a sortir de l'abisme. Prim, rondinaire i àcrata convençut des de la soledat, però necessitat d'amor, perquè és allò que més abunda dins el seu cor.

Un somni curiós en aquella nit i en aquell moment, perquè jo era allà, amb ells, i amb la Laia i la Iaruza, una a cada costat, com un bígam convençut. La sensació de pau prèvia era molt plaent.

Una bonica visió del paradís. Un somni agradable. La primera vegada que somiava una cosa agradable des que vaig arribar al Tudzbestan. Crec que el meu subconscient m'estava preparant. El papa i la mare em prevenien.

Vaig saltar del llit espantat, però no em vaig acostar al que quedava de les finestres. El núvol de pols i fum es va ficar dins de l'habitació, i no em deixava respirar. Per sort, ja dormíem vestits. Vaig posar-me les sabates en un tancar i obrir d'ulls i vaig obrir la porta. Només hi quedàvem nosaltres, a l'hotel, però vaig sentir crits en una de les plantes inferiors.

Havia arribat l'hora de tocar el dos.

Vaig agafar les càmeres i me les vaig penjar al coll. Després també em vaig col·locar l'ordinador en bandolera. Vaig mirar trist la bossa, els meus efectes personals, la roba. No me la podia emportar, n'era conscient. Res de carregar embalums mentre et disparen. Vaig acomiadar-me de la millor camisa que tenia —regal de la Laia—, i vaig sortir com un llamp. No vaig baixar amb l'ascensor. Mentre corria pel passadís cap a les escales, una granada va impactar a la paret mateix del Gatzok, darrere meu. Parets i portes van saltar pels aires. Feia un segon que havia passat per davant.

Quan vaig arribar a baix, vaig trobar-hi els meus escassos companys parapetats. Un dels americans parlava amb el mòbil. En Mahler va fer-me un senyal.

—Nèstor!

Vaig estirar-me al seu costat i em va embullar els cabells. Vaig veure que estava content, suposo que pel fet de marxar. Els rostres restants mostraven des de la gravetat fins a la desimboltura amb què s'embolcalla la tensió. L'americà ens va dir alguna cosa cridant, però no vam poder sentir-ho, perquè van caure uns altres dos projectils massa a prop.

—Què ha dit? —va preguntar en Mahler.

—Dues hores! Ja ens vénen a buscar! —va informar un noruec.

—Dues hores? Com resistirem dues hores aquí amb aquest bombardeig?

—Per què no te n'anaves abans? —El noruec va donar-li uns copets a l'espatlla.

—On ens passaran a buscar? —vaig preguntar jo.

—Al camp de futbol!

—Collons! —va tornar a protestar en Mahler.

Em vaig alegrar que els camps de futbol servissin per a alguna cosa més que per al que era habitual, que solien ser dues aficions enfrontades a crits i insultant-se amb vehemència mentre els jugadors es donaven puntades de peu.

Era un dels pocs llocs on podien aterrar els helicòpters. I estava situat prop de les ambaixades. M'hauria jugat qualsevol cosa que encara quedava alguna mena de personal en alguna. Cap a la meitat de la meva estada a Sezerkanda, havíem entrevistat l'enviat especial de l'ONU als jardins de l'antiga residència del president de la república.

Una eternitat.

—Ens quedem aquí o anem ja al camp de futbol?

–va cridar una veu amb un anglès tan espantós que amb prou feines vaig entendre res.

—Toquem el dos! —va dir en Mahler—. Valdrà més ser allà encara que sigui al descobert que no pas aquí baix! Volaran l'hotel!

Ens vam posar drets. El meu company va fer-me l'ullet, ple d'ànim. Va ser com si em digués: "No et moguis del meu costat, petit." Devia veure la por dibuixada al meu rostre, encara que el que sentia no era essencialment això. Més aviat era respecte. Tot plegat m'infonia un gran respecte. Per primera vegada em trobava dins la història, no pas veient-la des de l'altra banda d'un televisor. Tindria alguna cosa per a explicar als meus néts.

No pensava en la mort.

Vam acostar-nos a la porta de l'hotel, en bloc.

I just quan sortíem per aquesta, vaig veure una figura armada que corria cap a nosaltres, doblegada sobre si mateixa.

Algú va cridar:

—Compte!

Però jo vaig reconèixer en Milo.

El meu intèrpret se'm va apropar. Sostenia una metralladora que devia pesar molt, gairebé tant com ell. Duia la cara emmascarada i una cinta lligada als cabells. Aquells dies, des que s'havia acomiadat de mi, havia fet el salt. Adéu al nen. Benvingut l'home. Els seus ulls eren els d'algú diferent.

—Milo!, què hi fas, aquí?

Em va agafar per la mà.

—Vine! —va dir.

—On?

—No hi ha temps explicar! Més tard! Vine!

En Mahler va posar-me una urpa d'acer a l'espatlla. Els altres ja corrien en direcció als cotxes per anar al camp de futbol.

—Es pot saber què fas?

—Vol que vagi amb ell!

—Estàs boig? On vol que vagis si això ja s'ha acabat?

—Ne-es-t-tor, si us plau, confia en mi! Anem! —va estirar-me el noi.

Vaig mirar en Mahler.

—Hi he d'anar —vaig dir-li—. L'hi dec.

—Tu no deus res a ningú! Vas pagar per una feina! Si te'n vas moriràs!

L'anglès d'en Milo era reduït, però havia entès l'essencial.

—No mor! —va dir a en Mahler—. Jo sé!

—Milo, cal que sigui al camp de futbol abans de dues hores!

—Tu vas camp, sí! Jo porto després!

Els daus ja havien estat tirats. Vaig apartar la mà del periodista alemany.

—No te'n vagis sense mi —vaig somriure-li amb ànim fingit.

—Nèstor... —va xiuxiuejar com si ja fos un cadàver.

En Milo no parava d'estirar-me. Vaig haver de seguir-lo. Vaig veure en Mahler dret, a la porta del Gatzok, i els altres ja a cent metres. Les explosions anaven i venien, en ventall. Una va encertar la part mitjana del Gatzok i va començar a ploure runa.

—T'esperaré! —vaig sentir que s'acomiadava en Mahler.

Vam voltar l'aparcament i, davant la meva sorpresa, vaig veure que la moto encara era al seu lloc. Vaig engegar-la i en Milo, com ja era costum en ell, va indicar-me direccions, camins. No sabia en quina part es trobaven els russos, però vaig imaginar-me què passaria si ensopegava amb el meu amic, l'oficial. El que em costava més d'entendre era que en Milo es jugués la vida d'aquella manera.

—De què es tracta?

—Jo explico més tard!

No vam circular gaire amb la moto, però sens dubte érem encara lluny de la zona on tenien lloc els principals combats. El perill era el bombardeig selectiu. Vaig comprendre que els obusos contra el Gatzok formaven part de l'estratègia russa perquè ens n'anéssim d'una vegada. Ens dirigíem al nord, al cor de la resistència tudzbestana.

Va ser un viatge curt. En Milo em va fer aturar la moto i, com tantes altres vegades, vam precipitar-nos al subsòl d'un luxós edifici, convertit ara en el residu d'un temps passat. Quan vam ser en un dels túnels sota terra, ja no vaig poder més. Volia saber per què m'estava jugant la vida.

—Milo, ja! —vaig aturar-me.

—Poc temps —va apressar-me ell—. Helicòpter...

—De què es tracta? —no em vaig moure.

—Tu, gran exclusiva —va revelar-me, davant la meva sorpresa—. Jo convenç i ell vol veure't.

—Qui?

—Svan Zuderian!

—El general Zuderian?

—Sí!

Tots n'havíem sentit parlar. Era el Gran Home. El cap del reduït exèrcit tudzbestà. Suposàvem que era a les muntanyes. Al seu costat, els meus desconeguts Urszende, Bishkekerian i Iarik eren figures secundàries. Bones entrevistes fetes a fantasmes sense rostre. En Zuderian, no.

—Per què em vol veure, el general? —vaig balbucejar.

—Jo parlo tu! —va continuar en Milo amb tota la seva vehemència—. Dic ets gran periodista. Dic necessitem veu fora. Zuderian concedeix entrevista.

—En ple atac decisiu?

—Sí!

—Però... —Estava consternat. Naturalment, en Milo tenia raó. Era la gran exclusiva, i just al límit, just davant la caiguda de Sezerkanda.— No porto diners! Ja no tinc dos mil dòlars...!

—No diners, amic —va negar el meu intèrpret amb el cap—. No diners. Tu i jo equip, sí?

Somreia amb llàgrimes als ulls. Allà baix era com una màscara flotant enmig de la penombra. No vaig saber què li passava, ni per què arriscava també la seva vida, ni de quina manera havia convençut tot un general, ell, un nen, perquè en plena batalla em concedís la que, tal vegada, seria la darrera entrevista de la seva existència. No entenia res.

Però vaig seguir en Milo una vegada més.

No vam haver de córrer gaire estona, i per al meu company, era com si els túnels tinguessin noms. No s'hauria orientat més bé en una ciutat normal. Després de passar per dos controls, als quals en Milo va cridar des de lluny perquè no ens disparessin, vam anar a parar a una immensa cova subterrània on pul·lulaven pel cap baix cinquanta persones, que entraven i sortien d'altres túnels. L'activitat era frenètica. I tot es desenvolupava al voltant d'un grup de cinc persones, que sotjaven diversos mapes oberts sobre una taula il·luminada per dos quinqués.

Havia vist fotografies del general Zuderian.

I ell era allà.

Més vell, més prim, més greu, més ferm.

Un home impressionant.

—Pots gravar, i fer foto sense tapar cara —va dir en Milo com a invitació final.

Svan Zuderian es va adonar de la nostra presència.

I va deixar el que estava fent per acostar-se a mi i donar-me la mà amb tota solemnitat.

En Milo va traduir-me les seves primeres paraules.

—Diu que és honor per a ell parlar amb tu.

—No, no... —Déu meu, allò era real? M'estava passant a mi?— Digue-li que l'honor és meu, i en aquestes circumstàncies...

Va traduir-li el meu breu comentari i va fer-ne un altre al seu torn.

—Diu... —En Milo es va inflar d'orgull.— Jo bon soldat i millor espia. Diu també que és bona cosa que generals i homes savis escoltin a vegades nens. Nens tenen gran poder: veuen amb cor nu. Vol tu facis arribar a món última veu poble tudzbestà. Necessitem, Ne-es-t-tor.

—Bé —vaig assentir.

Svan Zuderian va assenyalar les meves càmeres i em va somriure amb una dignitat que em va fer posar la pell de gallina. Sempre he odiat els uniformes, les armes, tot allò que tingui alguna cosa a veure amb els exèrcits; però aquell home em va impactar en un moment en què la guerra era l'única possibilitat real. La dignitat del general era la dignitat de tot un poble abocat a l'abisme.

Va tornar a la taula, va parlar amb els seus subordinats, i mentrestant, jo vaig disparar dos rodets sencers de fotografies amb les dues càmeres, un en blanc i negre i un altre en color. Em vaig centrar en ells; només, primers plans... També vaig fotografiar aquell lloc. Ni tan sols no vaig mirar l'hora. El rellotge ja no corria, cavalcava cap a la cita al camp de futbol. Quan vaig acabar les fotografies, vaig treure la gravadora. No sabia si les piles durarien gaire, però m'havia d'arriscar. La resta, si s'acabaven, hauria de ser un exercici de memòria. Prendre notes era una estupidesa.

—Milo, ja —vaig advertir al meu ajudant.

Va acostar-se al general. Li va dir que estava preparat. L'home em va cridar amb un gest.

—Diu tu preguntes i ell contesta mentre continua dirigint operacions defensa, sí?

—D'acord. Pregunta-li quines possibilitats té.

La pregunta va merèixer una llarga resposta, que en Milo va anar traduint sobre la marxa, d'una manera diferent de les altres vegades.

Tot era diferent.

Vaig atribuir-ho a la proximitat de la batalla, la mort...

—General diu defensa Sezerkanda és defensa d'orgull tudzbestà. No rendir ciutat. Defensar fins a última hora. Cada minut que poderós exèrcit rus triga a conquerir capital, vergonya ells, honor nosaltres. Gros tropes tudzbestanes a muntanyes. Defensa permet tropes amagar-se i assentar-se. Quan Sezerkanda cau, guerra segueix. Tudzbestan no rendeix mai.

—Pot escapar-se del setge rus?

—Diu sí. Però si cau, general lebei pren comandament. No problema. Estratègia cargol.

—Què és l'estratègia del cargol?

No sé quantes vegades he dit que no sóc un heroi, però he de reconèixer que durant aquells minuts, tot i sense ser-ne conscient, probablement vaig vorejar alguna cosa semblant a l'heroïcitat. Sota terra, entrevistant la llegenda de la resistència tudzbestana, amb bombes sobre el meu cap, i amb l'única possibilitat de fugida en un camp de futbol perdut en algun lloc de Sezerkanda, el temps va deixar de tenir valor. Les preguntes s'amuntegaven als meus llavis, Svan Zuderian les responia amb rotunda fermesa, sense dubtar ni un instant, i en Milo me les traduïa directes i precises. Una viva excitació ens embolcallava. L'orgull del soldat que s'acosta a la catàstrofe i envia un missatge final al món. L'orgull del nen que complia la seva missió final com a periodista de lloguer abans de convertir-se en soldat per necessitat. I l'orgull del periodista davant el seu gran moment.

Si mai he estat periodista, va ser allà.

Durant aquells minuts.

—Farà una guerra de guerrilles des de les muntanyes?

Van caure unes quantes bombes per damunt dels nostres caps. Del sostre de volta es van desprendre volutes de pols i algunes pedres. Tots vam mirar cap amunt.

—Sí —va traduir en Milo—. Boicotejar camps de petroli, resistir. Rússia mai tindrà tota terra Tudzbestan. Mai. I menys ànima poble.

—Què se n'ha fet, de Karibian Urszende? No el veig aquí.

En Milo va trigar a traduir la pregunta. I juraria que no va pronunciar el nom del líder de la resistència a Sezerkanda que feia ja tants dies jo havia entrevistat. Però la resposta dels dos va ser breu.

—Mort.

—Oh...

Més bombes van sacsejar la superfície. Tenia més preguntes, però en Milo em va tocar el rellotge.

—Triguem vint minuts fins a camp futbol —em va advertir.

No quedava temps.

—General Zuderian...

En Milo em va agafar una de les càmeres. Va fer la fotografia en el moment en què el militar i jo ens donàvem la mà. Va ser imprevist, ni tan sols premeditat. No vaig donar-hi importància. No en aquell moment. No m'he sentit mai estrella de res. Quan les nostres mans es van separar, vaig veure en els ulls de l'home una profunda sensació de pau.

Pau.

Va assentir amb el cap un parell de vegades, em va somriure, va donar-me uns copets a l'espatlla i es va oblidar de mi per tal de centrar-se en l'hora final de Sezerkanda. Vaig apagar la gravadora. Les piles havien resistit. Després, per precaució, vaig treure els rodets de les càmeres i els vaig guardar. Vaig tornar a carregar-les.

Svan Zuderian discutia plans, parlava, cridava, al mateix temps que seguien caient bombes i en Milo m'agafava per la mà.

—Ja?

—Ja, Milo.

—Bé?

—És clar. Ha estat... genial.

—Jo devia tu.

—Tu no em deus res, amic meu.

—Oh, sí.

—Per haver-te salvat dels russos?

No havia entès la seva deserció després d'haver-lo tret del camp d'afusellament rus, ni les llàgrimes d'aquell moment.

Però encara vaig entendre menys aquell somriure dolçament irònic.

—No —va dir-me en Milo.

Va arrencar a córrer i ja no vaig tenir temps de preguntar-li res més.

La moto era al mateix lloc, però les bombes ja s'anaven acostant. Era un no parar, una pluja de metralla que produïa, al seu torn, una pluja de runa i pols. No entenia contra qui dimonis disparaven els russos sobre la morta Sezerkanda, llevat que coneguessin l'existència dels túnels i intentessin enfonsar algun pas o esclafar els resistents sota terra.

—Al camp de futbol! —vaig recordar a en Milo.

—Per aquí! —va fer-me la primera indicació.

Era el meu últim viatge, els meus últims minuts a Sezerkanda, al Tudzbestan. Encara tenia una esperança. No pas de salvar-me jo, sinó de salvar en Milo.

—I la laruza? —vaig preguntar-li cridant per sobre del petarrelleig de la moto i l'estrèpit de les explosions.

—A muntanyes! Està bé!

—Segur?

—Sí!

Vaig recordar la pregunta que m'havia estat assetjant la consciència des d'aquella nit.

—Què vol dir "*Gatz ne snedreva*"?

—Què? —No m'havia entès.

—"*Gatz ne snedreva*". —Vaig pronunciar-ho més lentament, tal com recordava haver-ho sentit dels llavis de la noia.

En Milo va mirar-me des del sidecar.

—Qui va dir?

—Tradueix! —No teníem altre remei que parlar a crits. De fet, el tro de la moto ja revelava prou la nostra posició.

—Viu per nosaltres!

Déu meu... Vaig mirar les muntanyes, per damunt de les restes de la ciutat, com si pogués veure la laruza d'allà estant. En aquest moment crec que vaig odiar la Laia. Un acte reflex. Vaig imaginar-la bonica, neta, fent tan bona olor, rient o parlant amb algú, aliena a les laruzas del món que vivien a les muntanyes perquè no volien morir en ciutats bombardejades. I em vaig sentir malament per no haver-me enamorat d'ella.

Pensava més que mai en la Laia.

I vaig tenir ganes de tenir una arma, com en Milo.

—Mira!

Vaig seguir la direcció que m'indicava el meu copilot i vaig veure un helicòpter que sobresortia per damunt d'uns edificis, encara una mica lluny, potser a un quilòmetre de distància. No sabia si era l'últim, i amb aquest l'adéu a la meva esperança. Però encara no havien transcorregut les dues hores que ens havien dit al matí.

—Mahler... —vaig gemegar.

Vaig donar més gas a la moto, amb el consegüent risc que acabéssim volant per l'aire si ensopegàvem amb ruïnes que no pogués esquivar o la roda del davant es ficava en un forat.

—Ja arribem! —va voler tranquil·litzar-me en Milo.

Arribàvem, però el camí va quedat tallat abruptament al cap d'uns vint metres. Era impossible travessar allò, no hi havia cap escletxa. Vam intentar-ho per un altre carrer i el mateix. Tota la zona tenia l'aspecte d'haver estat sacsejada per un terratrèmol.

—Baixa! —va cridar la meva mainadera—. A peu!

Vaig haver d'abandonar la moto. Vaig donar-li un copet afectuós. O saltava feta miques o acabaria sota el cul d'un rus conqueridor. En Milo ja em portava uns quants metres d'avantatge, sense deixar de sostenir la pesada metralladora. Vaig poder atrapar-lo i vam seguir corrent gairebé colze a colze, tot i que ell duia la iniciativa. Vam enfilar-nos per muntanyes de ruïnes i vam travessar patis i portes buides. Vaig començar a sentir clarament el zup-zup-zup d'unes aspes batent l'aire. Vaig mirar al cel, però cap helicòpter no havia seguit el rumb del primer.

Eren allà!

Encara!

En Milo també els va sentir. Va fer-me un senyal i vaig assentir amb el cap. Somreia feliç, com si fos la nostra salvació, la de tots dos. Vam fer el darrer esforç.

El petit camp de futbol de Sezerkanda ja no existia. Feia molt temps que les instal·lacions estaven derruïdes, i a la gespa no hi quedava sinó la resta d'una superfície irregular però esclarida. En saltar des d'un terraplè, vaig veure els dos helicòpters. En un encara hi pujava algú.

—Eh! —vaig cridar tot i sabent que no podien sentir-me.

Vam sortir a camp obert. Una bomba va esclatar just al camí que acabàvem de seguir. L'ona expansiva ens va abatre. Encara sort que havia tret els rodets amb les fotografies de Svan Zuderian, perquè en caure a terra una de les càmeres va xocar amb una pedra i va quedar destrossada. Malgrat tot, no vaig voler deixar-la. Eren les meves amigues, els meus ulls. Vam aixecar-nos tot agitant els braços, perquè algú, a l'helicòpter, ens veiés.

Però el que vam veure nosaltres van ser tropes, russes, baixant per un vessant, a un quilòmetre de distància.

I disparaven.

—Però per què...?

Vam entrar al camp de futbol. El primer helicòpter va enlairar-se un parell de pams, feixuc, atapeït de gent. El segon engolia el seu penúltim evadit.

En Mahler era l'últim.

—Mahler!

—Nèstor! —vaig sentir-li cridar—. Corre!

Vaig girar el cap per mirar en Milo.

I ja no era al meu costat.

S'havia aturat a uns dos o tres metres de mi.

—Milo...

—Adéu, Ne-es-t-tor.

—No m'ho facis, això.

—Vés a casa. —Va fer una passa enrere en veure que jo en feia una cap a ell.

—Milo, vine, si us plau —vaig suplicar-li—. Viu!

—Jo visc —va forçar un somriure—. Russos no poden amb mi.

—Nèstor! —va tornar a cridar en Mahler.

El zup-zup-zup de l'helicòpter que s'enlairava va començar a ofegar-nos la veu.

—Torna un dia, sí? —es va acomiadar el meu intèrpret—. Tu busca'm.

Vaig tenir moltes ganes de plorar. El buit de l'estómac se'm barrejava amb el del cap. Tot jo estava buit. Vaig allargar-li la mà en un gest final de desesperació.

—*Gatz ne snedreva* —es va acomiadar de mi.

—Milo!

Ja tornava a córrer cap a les ruïnes.

Vaig sentir una mà a l'espatlla. Vaig girar-me i vaig veure en Mahler.

—Ja! —em va prevenir.

No atraparia mai en Milo. El vaig veure córrer com una fletxa, mentre les tropes russes començaven a disparar des de la distància. Una salva de petits volcans terrosos va seguir les passes del nen. No van atrapar-lo. Va arribar al terraplè.

I jo em vaig deixar arrossegar per en Mahler.

L'helicòpter ja era a un pam del terra. Van ajudar a pujar l'alemany. Jo vaig saltar-hi darrere seu, però el meu esforç va resultar a mitges, perquè en aquell moment l'aparell va sortir disparat cap amunt i es va inclinar, amb la qual cosa jo vaig relliscar. Vaig aconseguir aferrar-me de manera miraculosa a un agafador, però vaig quedar penjat completament, com a les pel·lícules, amb les càmeres i l'ordinador fent de contrapès que m'estirava.

Vaig mirar amunt.

No he estat mai atlètic, duraria menys de tres segons.

Un, dos...

Algú va engrapar-me la mà dreta. Vaig veure un uniforme. Una altra mà va fer el mateix amb l'esquerra. Van estirar-me, cap amunt, poderosament, i vaig aterrar de morros al terra metàl·lic de l'aparell. El primer que vaig veure en alçar el cap va ser en Mahler, més pàl·lid del que mai hauria imaginat veure la seva rodona i vermellosa cara. Va exclamar alguna cosa en alemany, crec que un renec.

La segona cosa que vaig fer va ser mirar cap avall.

Encara vaig veure córrer en Milo. Saltava, esquivava, fugia. Els soldats russos s'escampaven com una taca d'oli sobre el camp. Una explosió va omplir-ho tot de fum, però tan sols momentàniament. Vaig veure el cos de la meva mainadera saltant pels aires.

—Milo...

Però va aixecar-se, va mirar al cel. Juraria que va alçar una mà i la va agitar. Després va arrencar a córrer de nou.

Epíleg

Els russos van dominar Sezerkanda i van esclafar-ne definitivament la resistència una setmana després.

Segons informacions no contrastades, els darrers defensors de la ciutat van aconseguir trencar el setge i, sempre a través dels túnels, van aconseguir arribar a les muntanyes per continuar la lluita. La resistència s'ha mantingut, des d'allà, forta, ferma, constant i irreductible.

El general Zuderian va morir al llarg d'aquells dies. Els vencedors van exhibir-ne el cadàver com a prova de la seva victòria.

Ha passat un any.

No sé res d'en Milo. Com ho puc saber? No es pot anar al Tudzbestan. Els conqueridors no deixen que hi entri ningú. Però en Milo... Alguna cosa dintre meu em diu que tenia raó, que els russos mai no podrien amb ell, i que és allà dalt, a les muntanyes, sobrevivint, recordant-me com jo el recordo a ell.

Alguna cosa em diu que sí, que és així com l'imagino.

Encara que aquesta cosa sigui només el meu desig embolcallat d'esperança.

En Mahler no va guanyar el World Press Photo amb la imatge de la dona embarassada morta i la nena que està a punt de llançar-se-li al damunt plorant. El World Press Photo el va guanyar un holandès que anava a l'helicòpter que havia sortit un moment abans que el nostre. Va fotografiar-me penjat de l'aparell. Així que, de rebot, l'home que havia entrevistat Svan Zuderian es va fer famós d'una altra manera.

Ha estat un any prou boig.

Ni tan sols no sé com he pogut escriure tot el llibre. No sé si serà la primera gran novel·la espanyola del segle xxi, però això ja no té importància.

Visc amb la Laia, sóc feliç. I no vull tornar a cap guerra.

Tot i que algun dia tornaré allà. I buscaré en Milo. A les muntanyes o en una renaixent Sezerkanda. Algun dia.

Res no dura per sempre.

I sé que és viu, ho sé, ho sé, ho sé...

Notes

La República del Tudzbestan no existeix, ni l'idioma tudzbestà inventat per a aquesta novel·la. Però sí que existeixen els nens "pigall", les "mainaderes" i els intèrprets als quals es veuen lligats els corresponsals de guerra de tot el món, per fer-se lloc en qualsevol dels molts conflictes que assolen el planeta i poder assabentar-se d'alguna cosa als països —perduts i llunyans, per a ells— que visiten professionalment, i gràcies a això fer que els altres ens assabentem també del que està passant.

Comprendre-ho és una altra història.

Molts corresponsals passen setmanes, mesos, convivint amb els seus "pigalls", nois i noies, a vegades de tan sols deu o onze anys i en altres ocasions adolescents. Dia a dia. Alguns arriben a estimar-los com si fossin els seus propis fills. D'altres proven què un dia se n'aniran i hauran d'abandonar-los novament a la seva sort. Pagar per la seva feina d'intèrpret o pel seu coneixement de la zona no ho és tot. Durant els conflictes, els sentiments són sempre més forts que en temps de pau.

Aquest llibre està dedicat a tots els infants que viuen en guerra, i hi sobreviuen o hi moren i va ser escrit a Varadero i Vallirana el juny de 2001.

Títols publicats

1. Solidaritat / Vicent Navarro

2. Xiques / Agustín Fernández Paz

3. Natalia / María Victoria Moreno

5. A cau d'orella (Cartes a Roser) / Carme Miquel

6. El segon paradís / Joan Torró

7. Quadern de viatges / J.M. Jordà Galduf

8. Venjances / Manuel Talens

9. Els ulls blaus i altres contes inquietants / Pilar Pedraza

10. Estimat Corto Maltés / Susana Fortes

11. Un mort al sindicat / Raquel Ricart Leal

12. La forja de Lessera / Joan Andrés Sorribes

13. Tingonass / Josep Chapa

15. Murmuris i crits (Cartes a Mireia) / Carme Miquel

16. Harry Potter i la cambra secreta / J.K. Rowling